U0179528

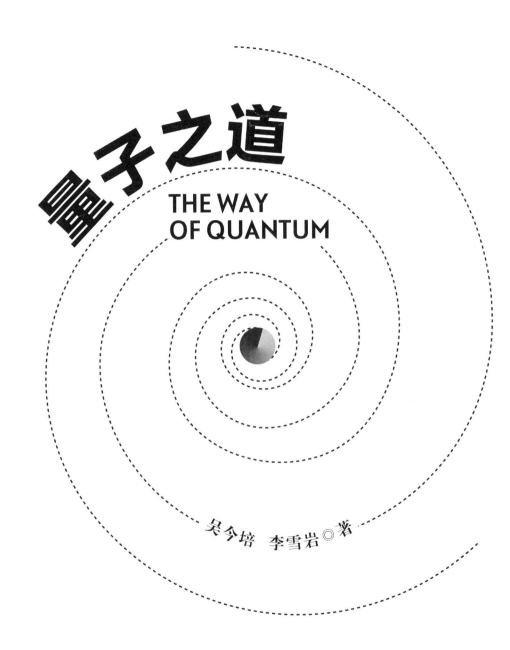

量子之道

THE WAY
OF QUANTUM

吴今培　李雪岩○著

清华大学出版社
北京

图书在版编目(CIP)数据

量子之道/吴今培,李雪岩著. —北京:清华大学出版社,2021.9
ISBN 978-7-302-59046-0

Ⅰ.①量… Ⅱ.①吴… ②李… Ⅲ.①量子—普及读物 Ⅳ.①O4-49

中国版本图书馆 CIP 数据核字(2021)第 175093 号

责任编辑:贺 岩
封面设计:汉风唐韵
责任校对:王荣静
责任印制:朱雨萌

出版发行:清华大学出版社
    网 址:http://www.tup.com.cn,http://www.wqbook.com
    地 址:北京清华大学学研大厦 A 座 邮 编:100084
    社 总 机:010-62770175   邮 购:010-62786544
    投稿与读者服务:010-62776969, c-service@tup.tsinghua.edu.cn
    质量反馈:010-62772015, zhiliang@tup.tsinghua.edu.cn
印 装 者:三河市吉祥印务有限公司
经 销:全国新华书店
开 本:148mm×210mm **印 张:**7.5 **字 数:**132 千字
版 次:2021 年 9 月第 1 版 **印 次:**2021 年 9 月第 1 次印刷
定 价:49.00 元

产品编号:091338-01

前　言

　　人类一直生活在量子世界里，但人们经过数十年的实验探索和理论建构才发现这个世界。19世纪末，量子横空出世，科学家开始发展了一套全新的理论和概念，来研究微观世界的运动规律，这就是"量子理论"。将量子理论的思想整合成普遍适用的数学方法则称作"量子力学"。量子力学的建立标志着人类认识自然实现了从宏观世界向微观世界的重大飞跃。在量子的微观世界里，所有的一切都变得奇妙起来，与我们司空见惯的宏观现象完全不同。量子力学以微观视角，取代了经典力学的宏观视角，给了世界一个完全不同的诠释，甚至改变了物理世界的基本思想，彻底推翻和重建了整个物理学体系。

　　量子力学虽然很玄妙，却不是玄学。在见识了微观世界里量子的神秘莫测后，物理学家对量子的各种神奇特性给出了更合理的解释，并成功地应用于现代社会的每个角落，从激光到电脑，从超导到手机，量子无处不在，几乎所有事物的背后都有量子力学在主宰。许多以往看来不切实际的幻想,在量子力学的指引下,给我们带来新的希望和可能,必将极大地改变人类社会的面貌。

本书的主要特点是:第一,突出了量子力学的核心思想,以此为主线贯穿于全书始终,从而给出了量子力学的清晰脉络,向读者立体化地展现量子思想的全貌;第二,力求对所讲述的问题尽可能给出数学之外的物理意义,使读者从零开始读懂量子力学,逐渐认识一个完全陌生的世界,并真正窥见它的神秘和美丽;第三,注重科普性及应用性,科学属于人类的共同事业,科学的威力在于普及和创新,科学理论从来都不会停留在纸面上,只有经过广泛的普及和应用,才会推动人类文明的进步。本书将带领读者去亲身体验如何应用量子力学造福人类,让人们享受更加丰富多彩的现代生活。

读者怎样学习量子力学呢?我们认为最难以理解的是量子力学的基本概念和核心思想,而不是数学推导。必要的数学基础对于学习量子力学是重要的,但学习量子力学的主要困难在于人们的认识仍然受到传统思维的束缚,没有真正树立起量子力学的观点。例如,量子纠缠是量子力学最深刻的概念之一。在一些科普读物中,把量子纠缠错误解读为:"姐姐在某地生了一个女儿,远在千里之外的妹妹就立即升级为姨妈。"就被解释为"姐姐和妹妹处于纠缠态"。这样不恰当解读的出现,也许是科普作者的无奈之举。如果仅仅通过与日常生活中观察到的现象做类比,是很难理解其中的真正意义的。所以,学习量子力学要致力于改变自己的思维模式,弥补你的思维短板,真正理解量子力学不同于经典力学的崭新的物理观念。这些观念主要是:

第一,微观世界的未来是不确定的,我们永远无法知道微观粒子准确的动态数据,只能基于概率的方法去预言。读者要树立概率统计的思维。

第二,微观世界是不连续的,它可能更像一片沙漠,远看是连在一起的,走近才发现,它是由一粒一粒的细沙所构成。读者要认识世界的本质是量子化的。

第三,微观物质具有"双重人格",它既是粒子,又是波,将两种性质截然不同的东西统一到一个物理客体。读者要树立波粒二象性的物质观。

基于量子力学的一批颠覆性技术正在浮出水面,比如量子计算机、量子通信和量子测量等技术将是未来信息产业的基石,有望成为推动第四次工业革命的重要引擎。如何成功发展量子科技,可能变成每个国家一场输不起的技术革命,各国也必将倾举国之力争夺量子科技制高点。中国已前瞻布局颠覆性技术战略发展规划,牢牢掌握前沿科技发展的主动权,确保量子技术水平雄居世界前列。

本书是关于量子力学的科普读物，不可能，也不应该要求读者具备较深厚的数学知识，否则，对量子力学有兴趣但缺乏足够数学基础的许多读者将被挡在门外。我们在内容取舍和讲解方法上更加重视物理概念的描述，它能同时满足三个方面读者的需求：如果你过去没有学过量子力学，可以把它作为入门书来读；如果你正在学习量子力学，可以把它作为参考书来读；如果你已经学过量子力学，可以把它当作交流心得体会来读。

当然，对于广大想要更好地了解未来科技发展趋向的工程技术人员和管理者，这本书会使你明白量子力学是什么，它离生活并不远。

本书很多地方借鉴了国内外相关的文献著作及研究成果，在此对所涉及的专家学者表示衷心的感谢。

无疑，限于作者的能力与水平，本书的缺点和不妥之处肯定不少，恳请读者批评指正。

下面让我们一起走进量子世界！

吴今培
于 2021 年 4 月 18 日

目　录

量子世界神奇在哪里

19世纪中叶,经典力学、经典电动力学、经典热力学和经典统计力学所形成的经典物理学征服了世界,力、电、磁、光、热……一切的一切,都被它的力量所控制。然而,正当人类庆贺经典力学200周年华诞之际,20世纪的钟声已经鼓响,物理学的伟大革命就要到来。

1900年12月14日这一天,德国物理学家普朗克在德国物理学会宣告黑体辐射的能量不是连续的,而是分成一份一份的,必须有一个最小的不可再分的基本单位,这个单位叫作能量量子,一切能量的传输不能是无限连续的,只能以这个量子为单位进行。量子的出现打破了物理世界的宁静,从此量子的幽灵开始在物理世界上空游荡,它让物理学家既兴奋,又困惑,直到今天。

真是"山雨欲来风满楼"。量子的力量超乎任何人的想象,它一出世就像闪电划破夜空,摧枯拉朽般打破旧世界的体系,动摇着延绵几百年的经典物理的根基。然而,它绝不仅仅是一个破坏者,更是一个建设者。正是量子的问世,使得量子力学的正式创立成为了可能。科学史上许多最杰出的天才都参与了它成长的每一步,使其成为当代物理的两大支柱之一。

量子力学所描绘的世界,是一个错综复杂、迷雾重重的世界,它和宏观世界的规律完全不同,具有超出我们常识的极其神奇的特性。你知道吗? 在量子世界,如果你不看月亮,月亮就只按一定的"概率"挂在天空! 在量子世界,光似粒子,也似波,表现出"双重人格",将两种截然不同的东西统一在一个物理客体,性质如此诡异! 在量子世界,粒子有点像"孙悟空",拔一根猴毛,一吹之后,孙悟空就会出现在很多地方! 在量子世界,粒子就像一个精通穿墙术的"崂山道士",能够轻易穿过厚厚的墙而毫发无损! 在量子世界,一对同源粒子就像一对"双胞胎",无须任何沟通,即使相距百万光年,也能感知彼此状态的变化!

所有的一切表明,量子世界是一个人们完全陌生的世界,它总是在最根本的问题上颠倒我们的常识,使人们感到从未有过的心灵震撼。今日,对于所有对自然充满好奇的读者来说,不了解量子就无法理解身边这个新世界,也就无法获得新的科学思想及其带来的深远影响。

不必担心,只要读者保持开放的心态,乐于思考,量子世

界的神秘面纱便会随着你的不断学习而逐渐揭开,并最终找
到全新的答案。

1.1　上帝掷骰子吗

关于大自然的真实面貌是什么? 两位 20 世纪伟大的物
理巨擘有过这样一段经典的对白:

爱因斯坦:"亲爱的,上帝不掷骰子!"

玻尔:"爱因斯坦,别去指挥上帝应该怎么做!"

图 1.1　神奇的不确定性

爱因斯坦维护决定论,否定不确定性,认为上帝是不掷骰
子的。物理定律应该简单明确:A 导致 B,B 导致 C,C 导致

D,环环相扣,即使过程再复杂,每一件事都有来龙去脉,而不依赖什么随机性。

然而,在量子的微观世界里,事情就变得很神奇了!量子力学的关键是概率和随机性。概率就是这么无缘无故,随机就是这么无因无果。量子力学认为,宇宙万物都是由受到概率所规范的原子以及亚原子粒子所组成的。所有粒子似乎并不喜欢被束缚在单一的位置或者沿着某一条轨道运动。比如电子,你不能问:"电子在哪里?"你就只能问:"如果我在这个地方观察某个电子,那么它在这里的概率是多少?"你能够用量子力学的方程式非常准确地计算出电子落在各处的概率。既然世界上所有的东西都是由原子或亚原子这样的粒子所组成,所以量子定律不仅能够解释微小的事物,也能够解释现实世界的一切。大自然遵循的是概率统计规律。

1.2 光似波,又似粒子

光,宇宙之母,它同人类的生产、生活有着极其密切的关系。但是,光的性质是什么?这一直是人类需要解决的谜题。当人们对光进行观测的时候,它有时呈现粒子模样,有时又变成波的模样,不断变脸,光本来的真身究竟是什么?在物理界形成了粒派和波派,波粒大战延绵三百余年。

量子力学是怎样解释的呢？它认为,光既是粒子又是波,但每次我们观测光的时候,它只展现其中的一面,这里的关键是我们如何观测它,而不是它"究竟是什么"。比如,在光的双缝实验中(见图1.2),光子通过双缝既可以在屏幕上显示为一个点,表现出粒子性。光子又可以同时穿过两条夹缝,在屏幕上留下明暗相间的干涉条纹,呈现出波的特性。这表明粒子和波在同一时刻是互斥的,但作为光的两面,它们却在一个更高的层次上统一在一起。

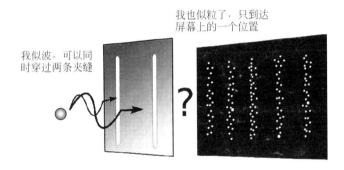

我也似粒了，只到达屏幕上的一个位置

我似波，可以同时穿过两条夹缝

图1.2 光的双缝实验

经典理论认为,粒子与波是两种截然不同的东西,它们不可能统一到一个物理客体上。量子理论认为,光既是粒子又是波,具有波粒二象性,这才是光的本性,而且在量子世界,不仅光,所有微观物质都具有波粒二象性,表现出"双重人格"的特点(见图1.3),性质如此诡异!

粒子   波

图 1.3　微观物质具有"双重人格"

1.3　飘忽不定的幽灵——不能同时确定微观粒子的位置和速度

　　在经典世界里，大到恒星，小到一粒沙子，每一样东西都是实实在在的，宏观物体在某一时刻具有确定的位置和确定的状态。我们平日里在说一个物体位置的时候，潜意识里是把它近似为一个点来描述的，想要探测到它们的运动状态并不是一件难事，即便是超过声速的飞机，我们也能通过雷达准确探测到它的速度和位置坐标（见图 1.4）。

　　然而，在微观世界里，人们发现微观粒子的运动状态具有很大的不确定性，像"幽灵"一样飘忽不定，速度和位置信息无法同时得到。起初在人们刚开始研究微观世界的时候，都认

图 1.4　雷达可以探测到飞机的运动信息

为微观粒子难以观测的原因仅仅是由于它们实在太小了,认为定位一个电子就像在一个很大房间里去找一只讨厌的蚊子。但是人们始终相信,即便蚊子再小,它也是一个实实在在的物体,只要仪器够先进,必然能找到它确定的运动状态。

　　然而,事实却并非如此,在量子的世界里,无论科学家们怎样尝试,对粒子的位置进行一次精确测量,就会影响到粒子速度的精确性,位置测量得越精确,它的速度就会越不精确,粒子的位置和速度不能同时测定。你可以用右眼观察位置,用左眼观察速度,但是睁开双眼去观察就会头昏眼花、一片茫然,这是由测不准关系决定的(见图 1.5)。就像我们永远造不出永动机,也永远造不出能同时观察位置和速度的显微镜。

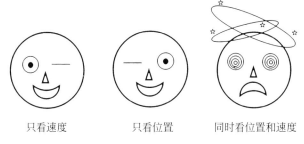

　　只看速度　　　　　只看位置　　　同时看位置和速度

图 1.5　速度和位置无法同时观测

1.4　微观粒子就像"孙悟空"，拔根猴毛就会出现很多小悟空

　　在经典物理的世界里，一个物体的状态就像简单的开关，只能处于开启或关闭的确定状态，1＝1，0＝0，1永远也不会等于0，因此物体的状态不可能既是1又是0，一个生命，在"活着"与"死去"两种状态中只能存在一种，要么是活着的，要么是死去的。

　　到了量子世界，量子可以同时以0和1的形态存在，微观粒子可以同时处于两个不同的状态，可以同时做不同的事情，可以同时处于不同位置，甚至也可以一边工作，一边休息，这就是奇妙的量子叠加性。量子力学认为，在人们对粒子进行观测之前，永远不会确切地知道它的状态。实际上，它处于所有可能状态的总和,即处于叠加态。这一思想遭到普遍反对,爱因斯坦维护物理实在性,否定粒子状态叠加性,提出一个问题:"月亮只是因为老鼠盯着它看才存在吗?"

中国科学院潘建伟院士曾举过一个例子:科学院一个代表团去法兰克福访问,回北京时有两条路线,一条经由莫斯科到北京,比较冷;另一条经由新加坡到北京,比较暖和,一个乘客在飞机上睡着了,着陆后大家问他怎么回来的,他感觉又冷又热,答道:"也许我是同时从两条线路回来的。"

郭光灿院士也曾举过一个形象的例子:在一块雪地上,滑雪的人穿过一根树桩时,代表经典信息的滑雪者只能从两边绕过,而代表量子信息的滑雪者则像魔术师一样直接从树的两侧同时穿过,留下两道痕迹(见图1.6)。

图1.6 同时从两条路径滑过

量子叠加态可以推广到很多状态,粒子既可处于 ψ 态,又可处于 ψ_2 处,还可处于 ψ_1 和 ψ_2 的线性叠加态。在《西游记》里,孙悟空拔下一撮毛,轻轻一吹就会变出许多小孙悟空,这些小猴子都是孙悟空的分身,此时,孙悟空就处于若干个猴子的"叠加态"。但是量子的分身术不能被人看,一旦有人看它,分身术就会随机消失。因为在量子力学中,如果对粒子进行观测,叠加态就会突然结束,瞬间坍缩为一个确定状态(即本征态)(见图1.7),我们才能知道粒子处于什么状态。而在经典世界,宏观客体是一种物理实在,与人们的观测无关。

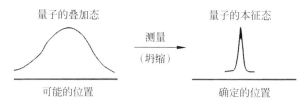

量子的叠加态   测量   量子的本征态

(坍缩)

可能的位置   确定的位置

图1.7   波函数坍缩

一个人,在同一时刻却可以位于不同的位置,在经典物理的世界里根本无法想象,这到底是为什么呢?

1.5 微观粒子就像精通"穿墙术"的崂山道士

熟悉《聊斋》或者看过动画片《崂山道士》的读者应该会对里面崂山道士的故事颇有印象,道士只要一作法,就能一边念着咒语，一边从墙中穿过去，很是神奇。它仅仅是个神话故事吗？

日常生活中，如果我们把一个小球扔向一堵坚固的墙壁，那么它肯定会撞上墙壁，然后反弹回来。在经典物理学中，一个强度足够的屏障会把其他物体阻挡住，防止其从中穿过。但是在量子的世界里，事情将会变得很不一样。如果把小球换成微观粒子，把坚固的墙壁换成势垒，那么，总会有一部分微观粒子以一定概率像崂山道士一样瞬间穿越不可浸透的障碍物（见图 1.8），听起来很不靠谱？这就是著名的量子隧穿效应。这就相当于，你正在家中坐着，隔壁的邻居突然穿墙而过来到了你家里。量子隧穿效应经过实验反复验证是正确的，根据这一效应制造了隧道二极管，广泛应用于计算机。

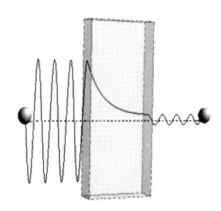

图 1.8　总有部分粒子以一定概率穿过势垒（墙）

1.6　微观粒子好像"双胞胎"，产生"鬼魅般的超距作用"

　　我们经常在日常生活中听说双胞胎之间的心灵感应现象，在量子世界里，也存在着这种奇妙的"心灵感应"。在微观世界里，如果通过某些技术手段，在原子级别上把一个粒子"切割"成两个更小的粒子，那么，切割形成的两个更小的粒子就好像是同一个妈妈生下的双胞胎，这两个小粒子之间就会像双胞胎一样具有"心灵感应"的特点。两个粒子即使相隔百万光年，只要你对一端的粒子状态进行观测，另一端粒子的状态也会瞬间发生变化。这种变化不受时间和空间的限制，感应速度远超光速。而在经典力学里，完全无法找到类似的现象，是不是非常神奇？

图 1.9　量子纠缠（a）

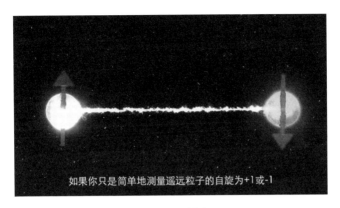

如果你只是简单地测量遥远粒子的自旋为+1或-1

图 1.10 量子纠缠(b)

　　量子纠缠违背了定域实在论。因为在经典力学中,宇宙中的最高速度不能超过光速,爱因斯坦便将这种现象称之为"鬼魅般的超距作用"。但量子纠缠偏偏又是无可辩驳的事实,大量实验表明量子纠缠是微观世界最普遍的一种现象,量子纠缠的"感应"速度至少是光速的 1 万倍!

　　在经典力学中,光速存在极限是指一个有质量的物体不能通过加速的方式达到光速,而在微观世界里,量子纠缠的速度是一种感应速度,而粒子本身的运动并没有超过光速,因此量子纠缠并不违背光速极限原理。在测量之前,这一对"双胞胎"实际上仍然是一个整体,当测量其中一个之后,整体性立刻消失,它们就会同时脱离纠缠的状态,展现出"双胞胎"各自的状态,这就是量子纠缠的神奇之处。

2 量子力学是怎样产生的

量子概念的诞生已经超过一个世纪，现在让我们再回到那个伟大的时代，回顾一下那段史诗般壮丽的量子论发展史。

2.1 1900年，普朗克提出了量子概念

量子理论可以说是始于黑体辐射的研究。这里，需要解答三个问题：第一，什么是黑体辐射？第二，理论公式和实验结果的矛盾是什么？第三，如何突破这个矛盾？

科学发现，一切温度高于绝对零度的物体都会发出辐射，这种辐射是以"电磁波"的形式发出来的，并将这些辐射转化为热辐射。人体就在时时刻刻向外辐射一定波长范围的电磁波，之所

图 2.1　普朗克

以我们看不到,是因为这种电磁波不是可见区域的电磁波。对于外来辐射,物体有吸收和反射的作用。如果一个物体能百分百吸收投射到它上面的电磁辐射而无反射,这种物体称为黑体。若在一个密闭的空腔上开一个小孔(见图 2.2),因为任何从空腔外面摄入小孔里的辐射在空腔内会发生多次反射,最终被完全吸收,这个小孔的作用就像是一个相当理想的黑体。

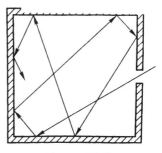

图 2.2 黑体模型

在日常生活中,我们观察建筑物的小窗户,如果建筑物内部没有光源,尽管是白天,看到的小窗户也是黑色的,窗户越小就越黑,这个窗户所在的腔体就构成一个近似程度不高的黑体模型。

理论和实验表明,黑体辐射与构成空腔的材料性质无关,而只依赖于空腔的温度。图 2.3 表示黑体在不同温度下辐射强度随波长的变化曲线。接下来要做的事情,就是用理论来解释实验曲线。经过科学家的研究,在黑体问题上,我们得到了两套公式。可惜,一套只对长波有效,而另外一套只对短波有效。这让人们非常郁闷,就像有两套衣服,其中一套上装十分得体,但裤腿太长;另一套的裤子倒是适合,但上装却小得

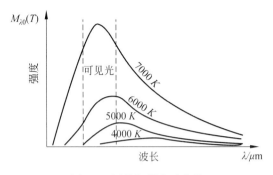

图 2.3　黑体辐射实验曲线

无法穿上身。最要命的是,这两套衣服根本没办法合在一起穿,因为两个公式推导的出发点是截然不同的! 从玻尔兹曼统计力学去推导,就得到适用于短波的维恩公式,而在长波范围则与实验曲线显著不一致。从麦克斯韦电磁场理论去推导,就得到适用于长波的瑞利—金斯公式,但当波长进入短波范围(紫外区)则完全不符合,且当波长趋于零时,瑞利—金斯公式趋于无穷大,这显然是荒谬的,这种情况被称为"紫外灾难"(见图 2.4)。总之,当时没有提出一个理论公式能对黑体辐射实验曲线作出全面拟合,更谈不上作出正确的物理解释,这就是 19 世纪末在物理学天空中漂浮着的一朵乌云。

　　1900 年,德国物理学家普朗克终于找到了一个能够成功描述整个黑体辐射实验曲线的公式,不过他却不得不引入一

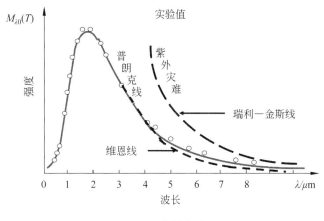

图 2.4　紫外灾难

个在经典电磁波理论看来"离经叛道"的假设：黑体辐射的能量不是连续的，而是一份份的，即量子化的。

普朗克指出，黑体辐射能量的最小单元为 $h\nu$，其中 ν 是电磁波频率，能量只能以能量量子的倍数变化，即

$$E = h\nu, 2h\nu, 3h\nu, 4h\nu, \cdots$$

这是一个石破天惊的假设，成为了量子革命的开端！

既然能量是量子化的，为什么我们在日常生活中从来没有察觉到这一现象呢？这是因为普朗克常数太小了，$h = 6.626 \times 10^{-34}$ J·S，所以人们才一直误以为能量是连续的。

2.2 1905年，爱因斯坦提出了光量子假设

1887年，赫兹发现紫外线照射到某种金属板上，可以将金属中的电子打出来（见图2.5），这种光产生电的效应称之为光电效应。

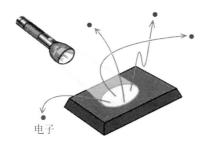

电子

图2.5 光电效应

当人们用电磁波理论解释光电效应时却遇到了严重困难：

（1）按电磁波理论，只要光强足够，任何频率的光都能打出电子，可是实验结果是再强的可见光也打不出电子，而很弱的紫外线就可以打出电子；

（2）按电磁波理论，10^{-3} s后才能打出电子，可实验结果是10^{-9} s即可打出电子；

（3）按电磁波理论，被打出的电子的动能与光强有关而

与频率无关,可实验结果却是电子的能量与光强无关而与光的频率成正比。

爱因斯坦受普朗克的能量量子化假设的启发,提出了光量子假设。他认为,如果把一份份的能量量子看作粒子,光通过具有粒子性的能量量子进行传播并与物质发生相互作用,则光电效应问题迎刃而解。

图 2.6 爱因斯坦

1905 年,爱因斯坦发表了阐述这一观点的论文《关于光的产生与转化的一个试探性观点》。他在论文中写道:"在我看来,关于黑体辐射、光致发光、光电效应以及其他一些有关光的产生和转化现象的实验,如果用光的能量在空间不是连续分布的这种假设来解释,似乎就更好理解。按照我的假设,从光源发射出来的光束的能量在传播中不是连续分布在越来越大的空间之中,而是由个数有限的、局限在空间各点的能量量子所组成,这些能量量子能够运动,但不能再分割,而只能整个地吸收或产生出来"。

爱因斯坦将这种光的能量粒子称为光量子,后来人们改称为光子。光子学说可以很好地解释光电效应。因为每一个光子的能量都固定为 $h\nu$,那么光照射到金属表面,金属所受到的打击主要取决于单个光子的能量而不是光的强度,光的强度只决定光子流的密度而已。

打个比方来说,光子就是子弹,能否打穿钢板只取决于子弹的动能,而与子弹的发射密度无关。如果是大口径步枪,一颗子弹就能击穿钢板,如果是玩具手枪射出的塑料子弹,一百把手枪同时发射也打不穿钢板。

在光电效应实验中,紫外线就是大口径步枪的子弹,可见光就是玩具枪的子弹,所以很弱的紫外线就可打出电子,而再强的可见光也打不出电子,因为可见光的强度高只不过意味着塑料子弹密集发射而已。因为光子能量是 $h\nu$,所以被光子打出来的电子动能就与光的频率 ν 成正比,而与光强无关。

2.3 1913 年,玻尔提出了量子化的原子模型

1911 年,英国物理学家卢瑟福发现原子模型很像一个行星系(比如太阳系),在这里,原子核就像太阳,而电子则是围绕太阳运行的行星们。但是,这样的模型是不稳定的。因

为带负电的电子绕着带正电的原子核运转,根据麦克斯韦电磁理论,两者之间会放射出强烈的电磁辐射,从而导致电子一点点地失去自己的能量,它便不得不逐渐缩小运行半径,直到最终"坠毁"在原子核上为止,整个过程只有一眨眼的工夫。换句话说,卢瑟福的原子是不可能稳定在超过 1 秒的。面对这样的困难,卢瑟福勇敢地在伦敦出版的《哲学杂志》上,向所有物理学家宣布他的原子模型,并在文章中毫不讳言地说:"关于所提的原子稳定性问题,现阶段尚未考虑进行研究……但是我们的科学事业除了今天还有明天!"然而,当时他的模型根本没有引起学术界的重视,大家对这个模型十分冷淡,这使卢瑟福的满腔期望被一扫而空。

谁是卢瑟福濒临崩溃的原子模型的救星呢? 1911 年 9 月来自丹麦的一位 26 岁小伙子尼尔斯·玻尔,并没有因为卢瑟福模型的困难而放弃这一理论,反而对卢瑟福模型很感兴趣。后来,史学家问过玻尔:"当时是不是只有你一个人感兴趣呢?"玻尔回答说:"是的,不过你知道,我主要不是感兴趣,我只是相信它。"

那么,玻尔如何解决卢瑟福原子模型存在的问题呢? 他的创新思想体现在何处呢? 他首先想到的是把当时由普朗克所提出的,后又由爱因斯坦所发展的量子观点用到他的模型中来。他认为在原子这种微观的层次上经典物理理论将不再成

图 2.7　玻尔

立,新的革命性思想必须被引入,这个思想就是量子理论。然而,要否定经典理论,关键是新理论要能完美地解释原子的一切行为,应当说这是一个相当困难的任务。首先遇到的问题是在量子化的原子模型里如何解释原子的光谱问题。当时,原子光谱对玻尔来说是陌生和复杂的,成千条谱线和各种奇怪的效应,在他看来太杂乱无章,似乎不能从中得出什么有用的信息。正当玻尔挠头不已的时候,他的大学同学汉森告诉他,瑞士的一位中学教师巴尔末提出了一个关于氢原子的光谱公式,这里面其实是有规律的。

　　什么是巴尔末公式呢?下面用原子谱线波长 λ 的倒数来表示,则显得更加简单明了:

$$\frac{1}{\lambda} = R\left(\frac{1}{2^2} - \frac{1}{n^2}\right) \quad (n = 3, 4, 5, \cdots)$$

其中 R 是一个常数,称为里德伯(Rydberg)常数;n 是大于 2 的正整数。

巴尔末公式如此简单,却蕴藏着原子结构的精髓与原子光谱的规律,但却一直无人问津。1954 年玻尔回忆道:"当我一看见巴尔末公式时,一切都在我眼前豁然开朗了。"真是"山重水复疑无路,柳暗花明又一村。"在谁也没有想到的地方,量子理论得到决定性的突破。

我们再来看一下巴尔末公式,这里面用到了一个变量 n,那是大于 2 的任何正整数。n 可以等于 3,可以等于 4,但不能等于 3.5,这无疑是一种量子化的表述。原子只能放射出波长符合某种量子规律的辐射,这说明了什么呢? 我们回顾一下普朗克提出的那个经典量子公式:

$$E = h\nu$$

频率 ν 是能量 E 的量度,原子只释放特定频率(或波长)的辐射,说明在原子内部,它只能以特定的量吸收或发射能量。于是,在玻尔的头脑中浮现出来:原子内部只能释放特定量的能量,表明电子只能在特定的"势能位置"之间转换。也就是说,电子只能按照某些确定的轨道运行,这些轨道必须符合一定的势能条件,从而使得电子在这些轨道间跃迁时,只能释放符合巴尔末公式的能量来。关键是我们现在知道,电子只能释放或吸收特定的能量,而不是连续不断的。不能像经典理论所假设的那样,是连续而任意的。也就是说,电子在围绕原子核运转时,只能处于一些特定的能量状态中,这些不连续的能量状态称为定态。你可以有 E_1,可以有 E_2,但不能取 E_1 和 E_2 之间的任意数值。玻尔认为:当电子处在某个定态的时候,它就是稳定的,不会放射出任何形式的辐射而失去能量。这样就不会出现原子崩溃问题了。

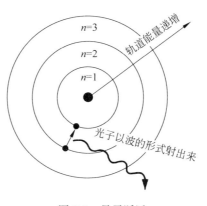

图 2.8 量子跃迁

玻尔现在清楚了,氢原子的光谱线代表了电子从一个特定的轨道跳跃到另外一个轨道所释放的能量。因为观测到的光谱线是离散的,所以电子轨道必定是量子化的,它不能连续取任意值。连续性被破坏,量子化条件必须成为原子理论的主宰。玻尔用量子概念修改并完善了卢瑟福提出的原子"太阳系"模型,成功地解释了许多物理和化学现象,促进了以后的原子能的研究。

2.4 1924年,德布罗意提出了物质波理论

德布罗意受爱因斯坦思维方式的启迪,认识到"爱因斯坦光的波粒二象性乃是遍及整个物理世界的一种绝对普遍现象",并勇敢地发展了爱因斯坦的思想,提出了一个更加大胆的思想:光波是粒子,那么粒子是不是波呢? 也就是说光的波粒二象性是不是可以推广到一切实物粒子(如原子、电子等)呢? 他应用相对论和量子论,简洁而巧妙地导出了粒子动量 p 与伴随着的波的波长 λ 之间的关系式为:

$$\lambda = \frac{h}{p}$$

这就是著名的德布罗意关系式。由此关系式可见粒子动量 p 越小,波长 λ 就越长。所以在原子、电子体系中,即微观世界中,粒子的波动性就会显示出来。由

图 2.9 德布罗意

此，德布罗意预言电子在运行的时候，同时伴随着一个波。

什么？电子居然是一个波？这未免让人感到不可思议。当时在科学界激起轩然大波，在大自然的景象中竟然出现了一种意想不到的东西——"物质波"。后来，戴维逊等人在做电子衍射实验时证实了电子像光子一样具有波的特征。

20世纪30年代以后，实验进一步发现，不仅电子，而且中子、质子和中性原子都有衍射现象，也就是都有波动性，它们的波长也都可以用德布罗意关系式来确定，从而进一步证实了德布罗意物质波的普适性。

各位读者，容作者在这里说明一下德布罗意提出电子是波有什么实际价值。我们平常之所以能看到东西，那是由于光作用于物体，再由物体反射到我们眼里。光学显微镜显示物体微小细部的能力，以所使用光波长短的程度而决定。放大能力最强的光学显微镜使用波长最短的紫外线光。好了，现在德布罗意证明电子和光一样也是波，而电子的波长为紫外线光波长的几千分之一，何不用它来代替光显示物体呢？果然，人们把电子集中到一个焦点上，射过物体，便在荧光屏上得到一个放大的图像。1932年世界上第一架电子显微镜问世。1938年美国人制造了一架能放大3万倍的电子显微镜，而当时最大的光学显微镜也只能放大2500倍，现在人们使用的电子显微镜已经能放大到20万倍以上了。

2.5 1924 年,玻色提出了一种新的全同粒子的统计理论

大家知道,玻尔兹曼作为统计大师,研究的是经典粒子的统计理论,那么量子力学中粒子的统计行为又是怎么样的?

1922 年,玻色有一次给印度达卡大学学生讲授光电效应和黑体的紫外灾难时,需要应用统计规律给学生讲清楚理论预测的结果与实验不一致的问题,当然仍然是应用玻尔兹曼的经典统计理论。当时物理学家的头脑中绝对没有所谓粒子"可区分或不可区别"的概念。每一个经典粒子都是有轨道

图 2.10 玻色

可以精确跟踪的,这就意味着,所有的经典粒子都是可以相互区分的,玻色也是这样的认识。但他在运用经典统计来推导黑体辐射理论公式的过程中犯了一个"错误",这个错误类似于"掷两枚硬币得到两次正面(即正正)的概率为三分之一"的错误。没想到,这个错误却得出了黑体辐射理论公式与实验结果相符合的结论。也就是不可区分的全同粒子所遵循的一

种统计规律。

什么叫"掷两枚硬币，正正概率为三分之一"的错误？另外什么叫"不可区分的全同粒子"？两个粒子可区分或不可区分，会影响概率的计算？

在现实生活中，如果我们掷两枚硬币则会发生四种情况：正正、反反、正反、反正。如果假设每种情况发生的概率都一样，那么得到每种情况的可能性皆为四分之一。现在，我们想象两枚硬币变成了某种"不可区分"的两种粒子，姑且称它们为"量子硬币"吧。这种不可区分的东西完全一模一样，而且不可区分。那么，"正反"和"反正"就是完全一样，所以，当观察两个这类粒子的状态时，所有可能发生的情况就只有正正、反反、正反三种情况。这时，仍然假设三种情况发生的概率是一样的，便会得出"每种情况的可能性都是三分之一"的结论。由此可见，多个"一模一样、无法区分"的物体，与多个"可以区分"的物体所遵循的统计规律是不一样的。玻色认识到自己犯的也许是一个"没有错误的错误！"他继续深入钻研下去，研究概率 1/3 区别于概率 1/4 之本质，进而写出一篇《普朗克定律与光量子假设》论文。文中玻色首次提出经典的玻尔兹曼统计规律不适合微观粒子的观点。他认为这是海森堡的不确定原理造成的影响。需要一种全新的统计方法。然而，没有杂志愿意发表这篇论文。后来的 1924 年，玻色突发奇想,直接将论文寄给大名鼎鼎的爱因斯坦,立刻得到了爱因斯坦支持。玻色的"错误"之所以能得出正确的结果,因为光子正是一种相互不可区分的一模一样的全同粒子。爱因斯坦心中早有一些模糊的想法,正好与玻色的计算不谋而合。爱因斯坦将这篇论文翻译成德文在《德国物理学》期刊上发表。玻色的发现是如此重要,以至于爱因斯坦写了一系列论文称赞"玻色统计",因为爱因斯坦的贡献,如今人们称之为"玻色—爱因斯坦统计",也就是有别于经典统计的量子统计,服从这种统计的粒子(比如光子)称为"玻色子"。

所谓全同粒子,是指质量、电荷、自旋等固有性质完全相同的微观粒子。在全同粒子组成的体系中,两个全同粒子相互代换不引起物理状态的改变,此即全同性原理。

2.6 1925 年,海森堡提出了矩阵力学

让我们回到玻尔的原子模型中来。原子中电子的运动方程是怎样的呢? 它应该是能级和时间的函数。在一个特定的能级 x 上,电子以 ν 频率作周期运动。根据傅里叶分析: 任意形状的函数 $X(\nu_x)$,都可以把它写成一系列震辐为 F_n,频率为 $n\nu_x$ 的正弦波的叠加:

$$X(\nu_x) = F_{-n}e^{-jn\nu_x} + \cdots + F_{-2}e^{-j2\nu_x} + F_{-1}e^{-j\nu_x} +$$

$$F_0 + F_1 e^{j\nu_x} + F_2 e^{j2\nu_x} + \cdots + F_n e^{jn\nu_x}$$

玻尔理论正是用这种经典方法来处理的：一个能级对应于一个特定的频率。但是，海森堡指出，一个绝对的"能级"或"频率"，有谁曾经观察到这些物理量？没有，我们唯一可以观察的只有电子在能级之间跃迁时的"能级差"。既然单独的能级 x 无法观测，只有"能级差"可以，那么频率必然表示为两个能级 x 和 y 的函数。我们用傅里叶级数展开的不再是 $n\nu_x$，而必须写成 $\nu_{x,y}$ 来

图 2.11　海森堡

表示电子频率。$\nu_{x,y}$ 是什么东西？它竟然有两个坐标，这就是一张二维表格。是的，物理世界就是由这些表格构筑的。

海森堡采用一种二维表来表示物理量，表中每个数据用横坐标和竖坐标的两个交量来表示。比如下面这个 3×3 的方块表示：

$$\begin{pmatrix} 1 & 2 & 3 \\ 4 & 5 & 6 \\ 7 & 8 & 9 \end{pmatrix}$$

其实就是 3×3 矩阵。海森堡的表格和玻尔的原子模型不同，它没有作任何假设和推论，不包含任何不可观察的数据。但作为代价，它采纳了一种二维的庞大结构。然而，让人不能理解的是，这种表格难道也像普通的物理变量一样能够进行运算吗？你怎么把两个表格加起来，或者乘起来呢？因为对于当时的物理学家来说，矩阵几乎是一个完全陌生的名字。甚至连海森堡自己对于矩阵的性质也不完全了解。例如下面两个矩阵 I 和 II 相乘：

$$\begin{pmatrix} 1 & 7 \\ 8 & 3 \end{pmatrix} \times \begin{pmatrix} 2 & 5 \\ 6 & 4 \end{pmatrix} = \begin{pmatrix} 44 & 33 \\ 34 & 52 \end{pmatrix}$$

$$\begin{pmatrix} 2 & 5 \\ 6 & 4 \end{pmatrix} \times \begin{pmatrix} 1 & 7 \\ 8 & 3 \end{pmatrix} = \begin{pmatrix} 42 & 29 \\ 38 & 54 \end{pmatrix}$$

居然得出结果：$I \times II \neq II \times I$。

有人讽刺地说，那么牛顿第二定律究竟是 $F = ma$ 还是 $F = am$ 呢？海森堡回答说，牛顿力学是经典体系，我们讨论的是量子体系。永远不要对量子世界的任何奇特性质过分大惊小怪，否则会让你发疯的。量子的规律，并不一定要受乘法交换律的束缚。海森堡坚定地沿着这条奇特的表格式道路去探索物理学的未来。

经典力学常用的动量 p 和位置 q 这两个物理量也要变成矩阵表格，它们并不遵守传统的乘法交换律，$p \times q \neq q \times p$。

后来,玻恩和约尔丹甚至把 $p \times q$ 和 $q \times p$ 之间的差值也算出来了,其结果是 $p \times q - q \times p = \dfrac{h}{2\pi i} \boldsymbol{I}$(式中 $\boldsymbol{I}$ 为单位矩阵)。

可见,原有的乘法交换律被破坏了,但用 $h/2\pi i$ 代替 0 之后,又重建了一种量子力学新关系。新关系中包含了普朗克常数 h,因而打上了量子化的烙印。经典的牛顿力学方程被矩阵形式的量子方程所代替,成为量子力学的第一个版本。1925 年 12 月,爱因斯坦在给好友贝索的信中对这个新理论评价说:

近来最有趣的理论成就,就是海森堡—玻恩—约尔丹的量子态的理论。这是一份真正的魔术乘法表,表中用无限的行列式(矩阵)代替了笛卡儿坐标。它是极其巧妙的……

后来,玻恩对这个新的力学表述自己的看法时说:"这是从经典力学的光明世界走向尚未探索过的、依然黑暗的新的量子力学世界的第一步。"

2.7 1925,泡利提出了不相容原理

根据玻尔的原子模型,人们提出这样一个问题:如果原子中电子的能量是量子化的,为什么这些电子不会都处在能量最低的轨道呢? 因为根据能量最低原理,自然界的普遍规

律是一个体系的能量越低越稳定,为什么有些电子要往高能级排布呢?

比如 Li 原子有三个电子,两个处在能量最低的 1S 轨道,而另一个则处在能量更高的 2S 轨道(见图 2.12)。为什么不能三个电子都处在 1S 轨道呢? 这个疑问由年轻的奥地利物理学家泡利在 1925 年做出解答:他发现没有两个电子能够享有同样的状态,而一层轨道所能够包容的不同状态,其数目是有限的,也就是说,一个轨道有着一定的容量。当电子填满了一个轨道后,其他电子便无法再加入到这个轨道中来。"原子社会"的这个基本行为准则被称为"不相容原理。"

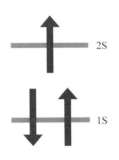

图 2.12 Li 原子的电子排布

图 2.13 泡利

不相容原理是一个非常重要的理论,正因如此,电子才会乖乖地从低能级到高能级一个个往上排列。也正因如此,才会构成一个一个不同的原子,从而出现我们看到的世界。

有人会问,为什么 Li 原子的 1S 轨道上有两个电子呢?它们不是完全相同的吗? 实际上,这两个电子的运动状态并不相同,它们一个自旋向上,另一个自旋向下。也正因为电子只有两种自旋状态,所以一个轨道上最多只能容纳两个电子。

泡利不相容原理使人们从本质上认识了元素周期表的排列方式,对化学这门科学发展具有重大意义。

2.8 1926 年,薛定谔提出了波动力学

1926 年薛定谔在瑞士苏黎世大学任教授,有人建议他把德布罗意的物质波假设拿到学生中去讨论,他很不以为然,只是出于礼貌才勉强答应下来。可是当他为讨论准备报告时,立即被德布罗意的思想吸引住了。现在我们又要看到科学史上一次惊人的相似。薛定谔的特长是数学很好,于是他就像牛顿总结伽利略、开普勒的成果,麦克斯韦总结法拉第的成果一样,立即用数学公式将德布罗意的假设又提高了一个层次。

图 2.14 薛定谔

　　虽然,德布罗意提出"光有波粒二象性,一切物质粒子也有波粒二象性,电子也不例外"。但是,德布罗意并没有告诉大家物质波应该满足什么样的运动方程,这种波如何随时间变化,电子的波动性和粒子性又是如何完美地统一起来,等等。当时,一位在苏黎世高等工业学校任教的著名化学家德拜尖锐地指出:"有了波,就应该有个波动方程"。在德拜的启示下,薛定谔下功夫研究这个问题,仅花了两个月的时间,于 1926 年 1 月完成了波动方程的建立,这就是著名的"薛定谔方程"——量子力学的第二种形式:

$$i\,\frac{h}{2\pi}\,\frac{\partial \psi}{\partial t} = H\psi$$

式中,i 为虚数符号,h 为普朗克常数,ψ 为波函数,H 为哈密顿算符。这是一个二阶线性偏微分方程,它一经公布立即震惊物理界。

　　薛定谔方程就像牛顿方程解释宏观世界一样,能准确地解释微观世界,它清楚地证明原子的能量是量子化的;电子运动在多条轨道上,跃迁轨道时就以光的形式放出或吸收能量;电子在原子核外运动有着确定的角度分布。这样,薛定谔用数学形式开辟出一个量子力学新体系。

　　海森堡是用线性代数(矩阵)形式研究量子力学,而薛定谔用的是微积分形式,从此以后,量子力学要用更抽象的概念

（数学语言）作出更准确的表述了。人们很快就知道，这两种
理论被数学证明是等价的。1930 年狄拉克完成了一部经典
的量子力学教材《量子力学原理》，将矩阵力学和波动力学完
美地统一起来，完成了量子力学的普遍结合。

2.9　1927 年，海森堡提出了测不准原理

　　1927 年海森堡发表了《关于量子论的运动学和动力学的
直观内容》论文。他在论文中分析了微观粒子的位置、速度和
能量轨道等基本概念之后，提出了测不准原理：在经典力学
中，一个质点的位置和动量是可以同时精确测定的；而在微观
世界中要同时精确测定粒子的位置和动量是不可能的，其精
确度受到一定的限制。海森堡还给出了测不准关系式，为经
典力学和量子力学的应用范围划出了明确的界限。

　　测不准原理又称不确定性原理，它告诉我们如果把电子
速度（或动量）p 测量得百分之百地准确，也就是 $\Delta p = 0$，那么
电子位置 q 的误差 Δq 就要变得无穷大（$\Delta q \rightarrow \infty$）。也就是
说，假如我们了解一个电子动量 p 的全部信息，那么我们就
同时失去了其位置 q 的所有信息；反之亦然。鱼和熊掌不能
兼得，不管科技多么发达都一样。就像你永远造不出永动机，
你也永远造不出可以同时准确探测到全部 p 和 q 的显微镜。

　　为什么会这样呢？这好比我们用一支粗大的测量海水温度的温度计去测一杯咖啡的热量，温度计一放进去，同时要吸收掉不少热量，所以我们根本无法测量杯子里原来的温度。而作为微观粒子（如原子）内的能量如此之小，任我们制成怎样精确的仪器，也会对它有所干扰。观测者及其仪器永远是被观测现象的一个不可分割的部分，一个孤立自在的物理现象是永不存在的，这便是"测不准原理"。我们生活在这个物理世界，身在此山中，难识庐山真面目。

2.10　1927 年，玻尔提出了互补原理

　　互补原理指出，一些物理客体存在着多种属性，这些属性看起来似乎是相互矛盾的，有时候人们可以通过变换不同的观察方式来看到物理客体的不同属性，但原则上不可以用同一种方法同时看到这几种属性，尽管它们确实存在。光的波动性和粒子性就是互补原理的一个典型例子。光是粒子还是波？那要看你怎么观察它。如果采用光电效应的观察方式，那么它无疑是一个粒子；

图 2.15　玻尔的族徽

要是用双缝来观察,那么它无疑是个波。因此,我们不应视粒子和波为两个互为排斥的概念,而应视为互为补充的概念,意即两个概念都是需要的,有时需用其一,有时其二,玻尔称这个看法为互补原理。

玻尔对我国的道家思想有着浓厚兴趣,并意识到东西方文化的互补性,以至于他以太极图作为自己族徽上的图案,并刻上了"对应即互补"的铭文,这句铭文具有深刻的科学文化的双重含义。

2.11 1928年,狄拉克提出了相对论性的波动方程

1928年狄拉克创造性地把狭义相对论引进量子力学,给出了描述电子运动的相对论方程,人们称之为"狄拉克方程"。后来这个方程成为了相对论性量子力学的基础。量子力学与相对论的这一巧妙结合,得到一些意想不到的重要结果。首先,在狄拉克方程中推出了电子的自旋(传统认为电子只是围绕原子核转),并论证了电子磁矩

图 2.16　狄拉克

的存在;其次,通过求解狄拉克方程,可以预言"粒子必有其反粒子"。1932年美国物理学家安德逊在用云室观测宇宙射线时发现了正电子(带正电荷的电子是带负电荷电子的反粒子),与狄拉克的预言完全相符。

狄拉克方程的提出和成功是物理学和数学高度结合的杰作。为什么一个实数开根号的时候总有一个正根,又有一个负根呢?例如4的开根号等于几?很简单是2和−2。由此将狄拉克预言推广一下,有个电子就有反电子,有个质子就有反质子,有个中子就有反中子,等等。这是一个神奇的发现!

2.12 1942年,费曼提出了路径积分法

在经典物理中有一个名词——作用量。它表示一个物理系统内在的演化趋势,它能唯一地确定这个物理系统未来的走向。我们只要设定系统的初始状态和最终状态,那么系统就会沿着作用量最小的方向演化,这称为最小作用原理,可见大自然是很聪明的。比如,光从空气进入水中传播时,光子能在瞬间决定在水中的折射

图 2.17 费曼

率是多少才是最短路径。美国物理学家费曼把作用量引入量子力学,提出了一种波函数按"路径积分"的数学方法,成为一座连接经典力学和量子力学的新桥梁。

路径积分是一种对所有空间和时间求和的办法:当粒子从 A 地运动到 B 地时(见图 2.18),它并不像经典力学所描述的那样,有一个确定的轨道。相反,我们必须把它的轨迹表达为所有可能的路径的叠加!在路

图 2.18 路径积分

径积分计算中,我们只关心粒子的初始状态和最终状态,而完全忽略它的中间过程。对这些我们不关心的事情,我们简单地把它在每一种可能的路径上遍历求和,精妙之处在于,最后大部分路径往往会自相抵消掉,只剩下那些量子力学所允许的轨迹!费曼证明,他的路径积分其实和海森堡的矩阵方程及薛定谔的波动方程同出一源,是第三种等价的表达量子力学的方法!

2.13 1964 年,贝尔提出了贝尔不等式

1964 年,北爱尔兰物理学家贝尔在《物理》的志上发表了一个不等式:

$$| P_{xz} - P_{zy} | \leqslant 1 + P_{xy}$$

它的推导极其简单明确却又深刻精
髓,让人拍案叫绝。甚至有科学家
称这个不等式为"科学中最深刻的
发现"。

图 2.19　贝尔

式中 P_{xz}、P_{zy}、P_{xy} 是三个概率
值。$| P_{xy} - P_{zy} |$ 表示两个概率之差
的绝对值。它必须小于等于 1 加第
三个概率值 P_{xy}。贝尔不等式就好
像一把利剑,它把概率一分为二,左边是宏观世界的概率,右
边是微观世界的概率。贝尔不等式给予了一个界定宏观和微
观的清晰标准。经过无数次实验都发现:贝尔不等式严格满
足宏观世界,而不满足微观世界。据说这个实验做出来的结
果,令贝尔目瞪口呆、心情沮丧。因为贝尔是非常支持爱因斯
坦的,他对世界的定域实在性深信不疑:大自然不可能是依赖
于我们的观察而存在的,也就是说,存在着一个独立于我们观
察的外部世界。无论在任何情况下,贝尔不等式都是成立的。

但实验结果证明,贝尔发现的不等式却背叛了他的理想,
不仅没有把世界拉回经典图像中来,反而证明了世界不可能
如爱因斯坦所设想的那样,既是定域的(没有超光速信号的传
播),又是实在的(存在一个客观确定的世界,可以为隐变量所

描述)。定域实在性被贝尔不等式从我们的微观世界中排除了出去。也就是说,贝尔不等式证明了量子纠缠是真实的,粒子可以跨越空间连接——对其一进行测量,确实可以瞬间影响它远方的同伴,仿佛跨越了空间限制,爱因斯坦生前认为不可能的"鬼魅般的超距作用"确实存在。

贝尔不等式是量子理论建立之后最重要的理论进展,这一进展使得两种不同意见的争论可以由实验观测结果来判断是非。这就表明,物理学只能根据实验结果来修正理论,而不能以因循守旧的观点,否定实验结果;物理学家必须由实验判断真理,而不能以某种信念判断真理。

量子论的建立是人类理性思维与科学发展的一个高峰。英国杂志《物理学世界》在 100 位著名物理学家中选出 10 位最伟大人物中就包含了本书所提到的 7 位物理学家,他们是爱因斯坦(排名第一)、玻尔(排名第四)、海森堡(排名第五)、费曼(排名第七)以及排名第八、第九、第十的狄拉克、薛定谔和卢瑟福。这足以说明 20 世纪量子论的创立和发展在物理学中所占的重要地位。

人类社会的进步都是走在基础科学发现的大道上的。量子论是 20 世纪最伟大的科学发现之一,它的创立与发展已经并将继续引发一系列划时代的技术创新,其中量子计算技术、量子通信技术和量子精密测量技术具有巨大的潜在应用价值和重大的科学意义,正引起国际社会的密切关注。

一个电子可以同时
通过两条狭缝

　　普朗克说："物理定律不能单靠'思维'来获得,还应致力于观察和实验。"量子世界的奥秘,就是由很多实验逐步揭开的。双缝干涉实验被称作世界十大经典物理实验之首,认为这个实验证明了微观粒子具有波粒二象性,为量子理论的建立奠定了实验基础。著名的物理学家费曼认为双缝干涉实验是量子力学的心脏,这其中"包括了量子力学最深刻的奥秘"。自双缝干涉现象被人们发现以来,无数科学家花费了大量心血,提出了各种观点,但是没有一种观点能够被普遍认同。经过科学家的不断探索,现在已经揭开了双缝干涉实验的谜底。

3.1 光的双缝干涉实验

托马斯·杨的双缝实验比较简单(见图 3.1)：把一支蜡烛放在一张开了一个小孔的纸片前面,这样就形成了一个点光源(从一个点发出的光源)。然后在纸片后面再放一张开了两道平行狭缝的纸片。光从第一张纸片的小孔中射入,再穿过后面纸片的两道狭缝投影到屏幕上,就会形成一系列明暗交替的条纹,这就是现在众人皆知的干涉条纹。

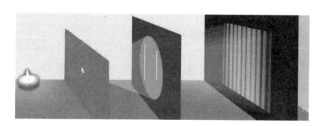

图 3.1　光的双缝干涉实验

我们知道,普通的物质是具有叠加性的,一滴水加上一滴水一定是两滴水,而不会一起消失。但是波动就不同,一列普通的波,它有着波的高峰和波的谷底。如果两列波相遇,当它们正好都处在高峰时,那么叠加起来的这个波就会达到两倍的峰值；如果都处在谷底时,叠加的结果就会是两倍的谷底。但是,如果正好一列波在它的高峰,另外一列波在它的谷底,它们在相遇时会互相抵消,在它们重叠的地方既没有高峰,也没有谷底,将会波平如镜,如图 3.2 所示。这就是形成一明一暗条纹的原因。明亮的条纹,那么是因为两道光的波峰或波谷正好相互增强所致;而暗的条纹,则是它们的波峰波谷正好互相抵消了。

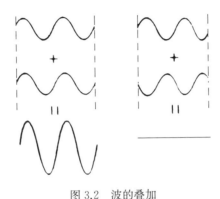

图 3.2　波的叠加

杨的双缝实验撼动了牛顿长达一百多年光粒子说的统治地位,成为光波动说再次确认的有力证明,其意义非同凡响。

今天,双缝干涉实验已经写进了中学物理的教科书,在每一所中学的实验室里,通过两道狭缝的光依然显示出明暗相间的干涉条纹,不容置疑地向世人表明光的波动性。

如果发射的不是光。而是经典粒子(如子弹),那就不会出现干涉现象,如图 3.3 所示。

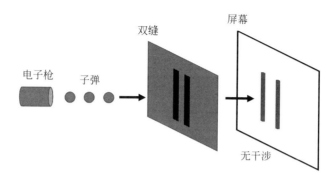

图 3.3　经典粒子的双缝干涉实验

3.2　电子的双缝干涉实验

随着量子力学的建立，人们深入到粒子世界，物理学家把光的双缝干涉实验，由光子变成了电子，重复这个实验。虽然电子跟光子一样都是微观粒子，不过比起光子，电子的"粒子"性更强。

实验装置如图 3.4 所示，物理学家把一束电子从电子枪发射出来，经过一段路程后抵达双缝。这时，电子概率性地穿过双缝板，最后落到后面的屏幕上，过程结束。当电子束不断重复射入时，屏幕上也出现了像光一样的干涉条纹，由此强有力地证明了电子是一种波。

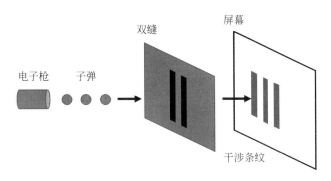

图 3.4 电子的双缝干涉实验

电子双缝干涉现象可以这样来描述：

（1）当电子枪发射的电子到达双缝的时候，初始波函数就给定了，它就是经过双缝射出的两束波函数的叠加。

（2）波函数按照薛定谔方程演化。到达屏幕上任意一处的波函数，等于穿过左右两个狭缝的波函数之和。如果两束波函数交汇在一起，由于两条路径长度不同，它们到达屏幕时的相位差可能会有差别，造成屏幕上波函数的振幅在有些位置加强，在另一些位置消减，所以波函数就形成明暗相间的条纹。

（3）屏幕起到测量位置的作用，根据玻恩的波函数统计解释，在屏幕上各处发现电子的概率正比于该处波函数模的二次方。单个粒子只会留下孤立的亮斑，如果不断发射大量电子，那么在统计意义上可以表现电子的波动性。

电子双缝干涉实验同样具有非凡的意义,它说明"粒子"性更强的电子也同光一样具有双缝干涉现象。早在1801年,光的双缝干涉现象就已经被托马斯·杨所发现。但是,在此后长达160年里,双缝干涉现象仅仅在光学实验中观察到。由于技术上的原因,电子的双缝干涉还只是一个思想实验。直到1961年,电子的双缝干涉实验才首次完成。实际上,电子的双缝干涉实验同样可以用其他微观粒子,甚至原子和分子来完成。因此,双缝干涉实验为微观粒子的波粒二象性提供了有力的证据,这是量子力学的一次颠覆性认识。

3.3　单个电子的双缝干涉实验

人们猜测电子双缝实验会出现干涉条纹,是由于一束电子里包含有许多电子,它们是被同时发射所形成的。因为大量电子在双缝附近拥挤在一起,电子之间会有相互作用,因此产生了干涉现象。如果电子不是被成批发射的,就不应当看到干涉条纹。为了证实这种想法,于是提出了单个电子的双缝干涉实验。

实验装置如图3.5所示,一支能逐个电子发射的电子枪,将电子一个个地射向双缝挡板,并且只有当前一个电子到达屏幕上之后再发射后一个电子,以确保互不相干。但是,经过一段时间逐个发射电子之后,奇迹发生了,屏幕上依然出现了明暗交替的干涉条纹!

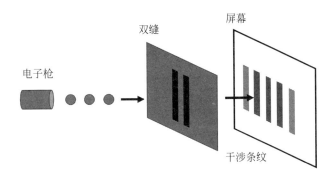

图3.5 单个电子的双缝干涉实验

这个实验告诉我们:微观粒子的干涉现象并非由密集的粒子之间的相互作用所造成的。那么,单个电子又同谁发生干涉?难道一个电子能以奇特的分身术通过双缝,自己与自己发生了干涉?这也太困惑了!

按照量子理论,即使电子一个一个被发射,互不相干,其波函数仍然按照薛定谔方程演化,每一个电子仍然会依从波函数模二次方的概率击打在屏幕上,在屏幕上留下亮斑。所有电子都是这样的。在大量逐个发射电子后,屏幕上的亮斑越来越多,干涉条纹也逐渐明显。干涉条纹之所以会出现在屏幕上,是由于描述单个电子的波函数按照薛定谔方程被分成两束,分别通过两个缝隙,它的波函数自身与自身干涉,而不是两个电子之间发生干涉。正如狄拉克所说：在光子双缝干涉实验中，"每个光子都仅仅与它自己发生干涉。两个不同光子之间的干涉从来没有发生过"。这个论断也适用于单电子双缝干涉现象，就是说，每个电子都仅仅与它自己发生干涉。

3.4　带探测器的单个电子双缝干涉实验

在单电子双缝干涉实验中，为了排除外界的干扰，选择在封闭的真空内进行，所以是无法观察到单个电子如何通过双缝，然后投射到屏幕上的。为了观察到这一点，实验时在盒内装上探测装置（如摄像镜头），以便拍摄单个电子是通过哪条狭缝而形成干涉的（见图 3.6）。但匪夷所思的事情发生了：干涉条纹消失了，只留下两条明亮的条纹，电子规规矩矩地表现出粒子性。取出摄像镜头再实验，明暗相间的干涉条纹又有了，电子表现出波动性。反复实验都是如此，不论谁做，在什么地方做，结果都是一样的。

真是令人难以置信，太不可思议了！电子双缝干涉就像羞涩的少女，根本不让你"看"，电子似乎有眼睛和意识，只要你在"看"它，它就可以察觉，改变自己的路径，表现出不同的结果。

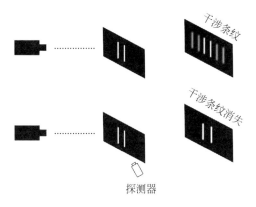

干涉条纹

干涉条纹消失

探测器

图 3.6　带探测器单电子双缝实验

这个实验正好说明波粒二象性的互补原理,如果观测,粒子给你展现的就是粒子性,并且波动性就退化了;而如果不观测,那么粒子的波动性就又会出现,并且粒子性退化了。

根据哥本哈根的解释:在电子通过双缝前,假如我们不去观测它的位置,那么它的波函数就按照薛定谔方程扩散开去,同时通过两个缝而自我互相干涉,但要是我们试图在两条缝上装上仪器以探测它究竟通过了哪条缝,在那一瞬间,电子的波函数便坍缩了,电子随机地选择了一条缝通过。而坍缩过的波函数自然无法进行干涉,于是乎,干涉条纹一去不复返。

3.5　单光子延迟选择实验

　　1979 年,是爱因斯坦诞辰 100 周年,在他生前工作的普林斯顿召开了一次纪念他的讨论会。在会上,爱因斯坦的同事约翰·惠勒(John Wheeler)提出一个延迟选择实验,它旨在说明,实验者现在的观测行为在某种意义上可以影响微观粒子过去的行为。这是一个令人吃惊的构想。

　　实验装置如图 3.7 所示,在实验中每次仍然只发出一个光子,分以下三种情况观测。

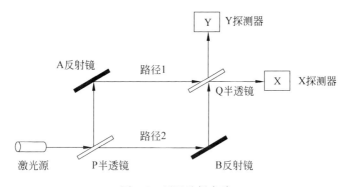

图 3.7　延迟选择实验

　　第一种情况:不放置半透镜 Q。

　　结果:单个光子入射到半透镜 P 上,然后分成 2 路。或者被 X 探测器探测到,或者被 Y 探测器探测到。对于大量光子的统计结果显示,探测器 X 和探测器 Y 会各探测到光子总数的一半。这种情况下,我们可以认为 X 探测到的光子沿路径 1 而来,Y 探测到的光子沿路径 2 而来。也就是说,可以判断光子通过哪条路径,这时光子呈现粒子性。

第二种情况:放置半透镜 Q。

这时来自路径 1 和路径 2 的两路光子在半透镜 Q 处将重新组合,其中一部分进入探测器 X,另一部分进入探测器 Y,这将引起光的干涉现象,从而将不可能知道光子是从那条路径过来的,或者说,光子是沿着两条路径同时过来的。光子显示波动性。

第三种情况:延迟放置半透镜 Q。

我们已经知道,如果不放置半透镜 Q,则可判断光子路径;如果放置半透镜 Q,则无法判断。现在惠勒提出一个巧妙的想法,即放置半透镜 Q 的决定延迟做出,具体地说,让半透镜 Q 的放置时间在光子已经通过半透镜 P 之后,但是它到达半透镜 Q 还有点距离,它还在途中。惠勒这样做的目的是,实验者现在(放置半透镜 Q)的选择将决定光子过去(通过半透镜 P 后)的行为。

结果:单个光子出发后,在它已经通过半透镜 P,还没有到达半透镜 Q 之前,如果实验者突然放置半透镜 Q,那么光子将同时沿两条路径运动,显示出波动性。而如果实验者不放置半透镜 Q，那么光子将只沿一条路径运动，显示出粒子性。

这个实验结果实在是太匪夷所思了。由于在光子通过半透镜 P 时，实验者还没有做出选择，那么光子通过后该怎么走呢？！还有，光子过去的行为怎么能由现在实验者的选择所决定呢？！过去不是已经发生了吗？这不是逻辑矛盾吗？这就导致了一个结果：我们现在的行为或者决定过去事情发生变化。也就是说，量子力学中的延迟选择实验打破了经典力学中的客观因果关系，导致了因果关系的颠倒。这个实验从另一个侧面显示量子力学的神秘性，再一次刷新我们的认知。

实验的确很奇怪，那么光子在其中究竟扮演了什么角色呢？惠勒后来引用玻尔的话："任何一种基本量子现象只有在其被记录之后，才是一种现象。"我们是在光子上路之前还是途中做出决定，这在量子实验中是没有区别的。历史不是确定和实在的——除非它已经被记录下来。更精确地说，光子在通过第一个透镜到我们插入第二个透镜这之间"到底"在哪里，是什么，是一个无意义的问题，我们没有权利去谈论它，它不是一个"客观真实"！我们不能改变过去发生的事实，但我们可以延迟决定过去"应当"怎样发生。因为直到我们决定怎样观测之前，"历史"实际上还没有在现实中发生过！惠勒用那幅著名的"龙图"（见图 3.8）来说明这一点：龙的头和尾巴(输入输出)都是确定的清晰的,但它的身体(路径)却是一团迷雾,没有人可以说清。

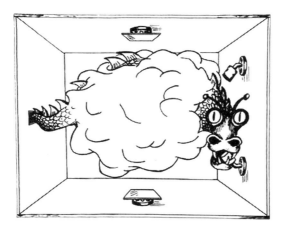

图 3.8　惠勒的龙

在惠勒的构想提出 5 年后,马里兰大学的卡罗尔·阿雷(Carroll O Alley)和其同事当真做了一个延迟选择实验,其结果证明,我们何时选择光子的"模式",这对于实验结果是无影响的!

4 大自然的真实面貌是什么

经典力学中隐含着三个基本思想：一个是运动是连续的思想，自然现象是连续的，一切物理量都是连续的；另一个是决定论的思想，什么事情都可以确定，可以预言，可以做计划；还有一个思想是物质的形态要么是粒子，要么是波，二者是对立的、互斥的、不相容的一对概念。

经典力学的这些思想与我们日常生活形成的观念是相符的。但是在微观世界，人们发现以上三条都不成立，量子理论从实质上挑战经典理论。

4.1 微观物质的行为是不连续的，世界本质是量子化的

我们知道，物质是运动的，没有不运动的物质，也没有无物质的运动。太阳东升西落，月亮圆了又缺，欢快的鸟儿在树

林间啾啾鸣叫,蜿蜒的小溪在山谷里潺潺流淌,整个自然都在跳运动之舞! 实际上,如果不存在运动,一切都将不复存在。

　　然而,自然界物质运动的真实形式和规律是怎样的呢? 你可能会不假思索地回答:"运动显然是连续的!"这是物质运动所给我们的最直接的感觉。比如说,两个朋友几天不见了,偶然在街上碰见,彼此马上就能认出来,打招呼。能认出来,似乎是当然的事。但细追究起来这又很怪。几天之内,两人的模样变了没有呢? 当然变了。要是几天之内不变,那几年、几十年也不会变,人怎么能由小到大呢。既然变了,又为什么能认出来呢? 只能说,变化很小。变化小到什么程度呢? 时间越短,变得越小。如果你盯着一个婴儿不停地看,你简直不可能说他变了。但几年之后,他确实明显变大了。这种变化是逐渐地,不间断地。

　　世界上的事物在不停地变化。但我们仍然知道甲是甲,乙是乙,这就是因为事物的变化大多是一点一点改变的,通常不会一下子突然变个样。这给我们一个感觉:事物变化是连续的。

　　事物变化的连续性是我们的感觉。感觉不一定准确。但是,人们为什么偏爱连续性? 早在 19 世纪之前,从伽利略到牛顿,一致认为自然过程都是连续不间断的。宇宙现在的状态只取决于其紧连着的前一个状态,现在把未来拥抱在怀中,自然无飞跃。根据连续性、平滑性的假设,牛顿发明了微积分,进一步奠定了连续性的数学基础,使连续性原理更加深入人心。牛顿庞大的力学体系便建筑在连续性这个地基之上,度过了百年的风雨。

正是人们接受经典科学的孜孜不倦的教诲,连续性概念才深深根植于人们的思想中。诚然,这是科学得以继续的必然途径,但它往往又阻碍新科学的发展。

正当人类进入 20 世纪之际,一次伟大的发现打破了人们的经典好梦,在那里,非连续过程已经等候多时了!

1900 年,德国物理学家普朗克在研究黑体热辐射过程中的能量变化时,非连续性第一次登上科学舞台,他发现热辐射的能量具有分立性,能量不是连续不断的,而是一份份的,就像机关枪里不断射出的子弹。并且,能量值只能取某个最小能量单位的整数倍。量子就是能量的最小单位,一切能量的传输,都只能以量子为单位来进行。它可以传输一个量子,两个量子,任意整数个量子,但却不能传输 1/2 个量子。那个状态是不允许的,正如你不能用人民币支付 1/2 分钱一样。

那么,这个最小单位究竟是多少呢? 从普朗克的黑体辐射公式可以容易地推算出答案:它等于一个常数乘以辐射频率。用一个简明公式来表示:

$$E = h\nu$$

其中,E 是单个量子的能量,ν 是频率,h 称为普朗克常数。h 这个值,原来竟是构成整个宇宙最为重要的三个基本自然常数之一(另外两个是万有引力 G 和光速 c)。

能量只能以能量量子的倍数变化,即

$$E = h\nu, 2h\nu, 3h\nu, 4h\nu, \cdots$$

这是一是改变物理学面貌的发现! 如果能量是不连续的,那么时间、空间也就存在着不连续的可能(普朗克最小时间单元和长度单元分别为 10^{-43} 秒和 10^{-35} 米)。这就打破了一切自然现象无限连续的经典定论,玻恩说:"1900 年普朗克发表了他的辐射公式和能量子观念,这就开始了一个新纪元、新格式。"

但是,当时没有人愿意接受量子化的假设,尤其是严肃的科学家。正如普朗克曾经说过一句关于科学真理的话:"一个新的科学真理取得胜利并不是通过让它的反对者们信服并看到真理的光明,而是通过这些反对者们最终死去,熟悉它的新一代成长起来。"这一断言被称为普朗克科学定律,并广为流传。

五年之后,即 1905 年,蜗居在瑞士伯尔尼专利局的、一个留着一头乱蓬蓬头发的、尚未出名的年轻人——阿伯特·爱因斯坦,除了本职工作之外,对物理问题最感兴趣,陷入沉思后,往往废寝忘食。当阅读了普朗克的那些早已被科学权威和其本人冷落到角落里去的论文时,量子化的思想深深打动了他。凭着一种心灵感觉,他意识到,对于光来说,量子化也是一种必然的选择。虽然神圣不可侵犯的麦克斯韦理论高高在上,但爱因斯坦叛逆一切,并没有为之止步不前。相反,他倒是认为麦氏理论只能对于平均情况有效,而对于瞬间能量的发射、吸收等问题,麦克斯韦理论是和实验相矛盾的。

爱因斯坦在研究光电效应时,发现光在空间传播时的能量不是连续分布的,而是由一些数目有限的、局限于空间中某个地点的光量子所组成的。这些光量子由一个个小的基本单位所组成,它们只能整份地吸收或发射。进一步地,利用普朗克的能量量子化公式,爱因斯坦还给出了光量子的能量 E 和动量 p 表达式,即 $E=h\nu$ 及 $p=h/\lambda$,通过这两个公式把粒子与波联系起来:粒子的能量和动量是通过波的频率与波长来计算的,也就是说,爱因斯坦把光同时赋予粒子与波的属性——波粒二象性。

这里的关键性假设就是:光以量子的形式吸收能量,没有连续性,不需要积累。当光子射向金属时,金属中的自由电子吸收了一个光子的能量 $h\nu$,电子把这部分能量用作两种用途:一部分用来克服金属对它的束缚,即消耗在逸出功 A 上,另一部分转换为电子离开金属表面的初始动能 $\frac{1}{2}mv^2$。根据

能量守恒定律,应有

$$h\nu = \frac{1}{2}mv^2 + A$$

这个方程称为光电效应方程。从这个方程可以看出,光电效应能否产生,主要由光子的频率决定,电子获得能量与光强无关,只与频率有关。对于光电效应的瞬时性,爱因斯坦认为,当电子一次性地吸收了一个光子后,便获得了光子的能量而立刻从金属表面溢出,没有明显的时间滞后。用这个方程圆满地解释了麦克斯韦电磁场理论所无法解释的光电效应现象。

然而,爱因斯坦提出的光量子假设几乎没人相信。因为这一假设与传统的自然过程连续性观念是根本抵触的,而连续性观念已为几乎所有的经典实验所证实,并为人们广泛接受。直到 1915 年,美国物理学家密立根在实验上精确证实了爱因斯坦的光电效应方程,人们才相信光量子的存在。1920年,美国化学家刘易斯将光量子正式命名为光子(Photon)。

爱因斯坦由于对光电效应定律的发现而获得了 1921 年的诺贝尔物理奖,他晚年认为光量子概念是他一生中所提出的最具革命性的思想。

为了打开微观世界的大门,20 世纪初,关于原子结构问题的研究引起物理学家的极大关注。一沙一世界,一花一天堂,原子内部是个缩小的宇宙吗? 1911 年,英国实验物理学家卢瑟福根据他的散射实验结果提出了原子的行星模型。根据这一模型,原子由原子核和电子组成,电子在原子核外绕核转动,正如行星绕太阳运转一样。但根据经典理论的预言,电子很快会辐射掉能量而落入原子核中,这样的系统无法稳定存在,并最终导致体系的崩溃。换句话说,卢瑟福原子寿命极短,然而实际原子是稳定的。

　　时势选英雄,这时年轻的丹麦博士玻尔出场了,他将普朗克的能量量子概念大胆地应用到卢瑟福的原子模型中,出人意料地解决了原子系统稳定性问题。1913 年,玻尔发表了论文《论原子结构和分子结构》,提出了新的原子图像。根据这一图像,电子只在一些具有特定能量的轨道上围绕原子核做圆周运动,其间原子不发射也不吸收能量,这些轨道称为定态。当电子处在某个定态的时候,原子就是稳定的,而不会出现崩溃问题了。电子从一定态跃迁到另一个定态时(见图 4.1),原子才发射或吸收能量,而且发射和吸收的辐射频率符合普朗克的能量量子化关系。也就是说,原子中的电子绕着某些特定的轨道以一

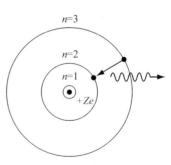

图 4.1　定态与跃迁

定的频率运行,而电子从一个轨道到另一个轨道,是直接跳跃过去的,而不能出现在两个轨道之间,本质上是非连续的。每个电子轨道都代表一个特定能级,因此当这种跃迁发生的时候,电子就按照量子化的方式吸收或发射能量,其大小等于两个轨道之间的能量差($E_2 - E_1 = h\nu$)。

玻尔理论的核心是定态与跃迁概念。定态是原子唯一可以存在的状态,在这些状态中原子具有分立的能量,而跃迁是原子唯一可以进行的运动,它在定态之间进行跃迁,能量只能分立地改变。不仅能量的跃迁是一个量子化的行为,而且后来的实验证实电子在空间中的运动方向同样是不连续的。

玻尔理论成功地诠释了原子的稳定性和氢原子的光谱规律,从而大大扩展了量子概念的影响。虽然它还不完善,但一个量子化的原子模型体系第一次被建造起来,奠定了原子结构的量子理论基础,而经典的原子结构理论终于退出历史舞台!

好了,"量子"已登上科学舞台,成为区分微观与宏观、连续与非连续的一条界线,成为新物理学诞生的标志。那么,"量子"究竟颠覆了什么?它颠覆的是自然现象的变化,是连续的世界观。宇宙万物都在进行着非连续性的量子运动,它们在不停地跳跃,这是多么美妙的自然之舞啊!

4.2 微观物质的行为是不确定的，只能进行概率上的预测

经典物质如大炮、"神九"，在某一时刻具有确定的位置，确定的轨道和确定的状态，如果不确定，"神九"在太空如何对接？

微观物质如电子、光子，它们在空间的位置是不确定的，是一种概率分布（见图4.2）。

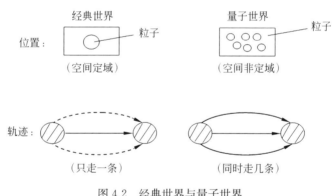

图4.2 经典世界与量子世界

经典世界：两个粒子分开了，二者就没有什么关系。

量子世界：两个粒子分开后还会关联（量子纠缠）。

何谓量子纠缠？

对于一对出发前有一定关系，但出发后完全失去联系的

粒子,对其中一个粒子的测量可以瞬间影响到任意远距离之外另一个粒子的属性,即使二者间不存在任何连接。一个粒子对另一个粒子的影响速度竟然可以超过光速,爱因斯坦将其称为"鬼魅般的超距作用"。

真的很神奇!两个肉眼根本看不见的微观粒子,在一定条件下,不用任何沟通工具,不用任何传输介质,无须架设电缆,无须发射电波,即使相距百万光年,对方也能瞬间感知另一方的信息并随之产生相应变化,这就是被现代科学证实并应用到量子计算与量子通信中的量子纠缠。

经典世界:粒子在同一时刻只能够处于一个位置,如你只能处在客厅里或者处在房间里。

量子世界:粒子在同一时刻能够同时处于几个位置,如你既能在房间里又能在客厅里,处于一种叠加状态。

何谓量子叠加?

生死、正反、上下、左右,这些截然相反的概念,在我们的日常生活中很难同时存在。比如你在路上遇到十字路口,要么选择向左走,要么选择向右走,不能同时作出两个选择。但是在量子力学中,这种相反的概念是可以同时存在的,这就是量子叠加。正因为量子叠加的存在,量子可以同时处理多个事件,而利用量子的这种特性可以极大地提升计算机的运算速度。

经典世界：质点的状态是由位置和动量（或速度）来描述，它突出质点的粒子性，其运动规律遵循牛顿力学方程。比如，一个棒球打出去，如果知道它的初速度和方向，运动轨迹就可以计算出来，棒球落在什么位置是确定的。

量子世界：粒子具有波粒二象性，粒子的位置和动量不能同时具有确定值，因而宏观质点的描述方式不适于观微粒子。这时，微观粒子的状态要由薛定谔波动方程来描述：

$$i \frac{h}{2\pi} \frac{\partial \psi}{\partial t} = H\psi$$

式中，i 为虚数符号，h 为普朗克常数，H 为哈密顿算符，ψ 为波函数。

在薛定谔方程中，波函数 ψ 是空间和时间的函数 $\psi(r,t)$ 或 $\psi(x,y,z,t)$，并且是复函数，而在经典力学中的声波或电磁波的波动方程中只包含实数，并没有复数出现。因此声波或电磁波比较容易描述，而且是可以看得见的，理解起来自然容易。而作为复数的波函数 ψ 所描述的波，如电子的波是看不见的，它到底是什么性质的波，其真实面目充满了神奇。这就需要对波函数 ψ 的物理意义作出解释。

1926 年，德国物理学玻恩提出了波函数的统计解释。他认为，物质波并不像经典波一样代表实在的波动，只不过是指粒子在空间的出现符合统计规律：我们不能肯定粒子在某一时刻一定在什么地方，我们只能给出这个粒子在某时某处出现的概率，因此物质波是概率波，物质波在某一地方的强度与在该处找到粒子的概率成正比。

　　这就是说波函数 $\psi(r,t)$ 的绝对值平方 $|\psi|^2$（这个数值一定是实数），它与在该位置发现电子的概率成比例，如图 4.3 所示。如果电子在 A 点被发现的概率是 10%，电子在 B 点被发现的概率是 40%；而经过 C 点的波的振幅为零，这时，在 C 点发现电子的概率就是零。另外，经过 D 点的波的振幅和 A 点大小（绝对值）相同，所以二者的概率是完全相等的。这就是说，波函数在空间的任意一个点都具有一个值，这个数可以解释为代表着在那一点发现电子的概率。

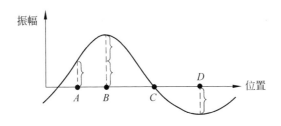

图 4.3　波函数是概率

　　这样一来，我们能否在"某个位置"发现电子，就受到经过该位置的波函数振幅的影响。ψ 的绝对值越大的位置，发现电子的概率就越大，波函数绝对值的平方必须是电子出现的概率密度。这被称作"波函数的统计解释"。玻恩说："要不用这种统计观点的话,辐射的粒子性和波动性之间的矛盾在物理学中是得不到解决的。"这个解释很快成为物理学界公认的正统解释,玻恩因此获得 1954 年诺贝尔物理学奖。

波函数的统计解释奠定了量子力学的理论基础,它向人们展示了一个不确定的量子世界,在这个世界中代表概率的波函数主宰着一切。然而,波动力学的创立者薛定谔却始终不能容忍量子力学的统计解释。他总是希望能够回到经典物理学上,因为他认为波动方程是确定性的,跟随机性无关。也许,正是由于具有确定性形式的薛定谔方程一叶障目,他才未能看见不确定性的茂密森林。同样,对量子论的创立作出过重大贡献的爱因斯坦,也一直反对量子力学的统计解释。1926 年他给玻恩的信中说:"我无论如何都相信,上帝不掷骰子。"

骰子是什么东西? 它应该出现在澳门和拉斯维加斯的赌场中。但是物理学? 不,那不是它应该来的地方。骰子代表了投机,代表了不确定性,而物理学是一门最严格、最精密的科学。但是,当玻恩于 1926 年 7 月将统计引入了薛定谔的波动方程之后,概率这一基本属性被赋予量子力学,标志着一统天下的决定论在 20 世纪悲壮谢幕!

接着,1927 年德国物理学家海森堡提出了不确定性原理,或称测不准原理,其中指出:"决定微观粒子的运动有两个参数：微观粒子的位置及其速度。但是永远也不可能在同一时间里精确地测定这两个参数；永远也不可能在同一时间里知道粒子在什么位置，速度有多快和运动方向。如果要精确测定微粒在给定时刻的位置，那么它的运动速度就遭到破坏，以致不可能重新找到该微粒。反之，如果要精确测定它的速度，那么它的位置就完全模糊不清。"总之不能同时测准粒子的位置和动量，任何精密的仪器也不行。这就是著名的不确定性原理。海森堡还给出了测不准关系式：

$$\Delta x \Delta p_x \geqslant \frac{h}{4\pi}$$

式中，Δx 为粒子坐标的不确定度（或位置测量误差），Δp_x 为粒子动量在 x 分量的不确定度（或速测量误差），h 为普朗克 h 常数。

测不准关系式告诉我们，微观粒子的坐标偏差和动量偏差的乘积永远等于或大于常数 $h/4\pi$。也就是说，微观粒子的坐标和动量，不可能同时具有确定的值（Δx 和 Δp_x，不能同时为零）。

不确定性原理横空出世，经典物理大厦又遭到了一轮重炮袭击。玻恩说："量子定律的发现宣告了严格决定论的结束。"玻尔甚至认为："大自然的一切规律都是统计性的，经典因果律只是统计规律的极限。"

　　总之,经典物理是一门最不能容忍不确定性的科学。是的,物理学家能知道过去;是的,物理学家能明白现在;是的,物理学家能了解未来。只要掌握牛顿定律,只要搜集足够多的数据,只要能够处理足够大的运算量,科学家就能如同上帝一般无所不知。整个宇宙就像一座精密的大钟,"嘀嗒、嘀嗒"地响着,300年来从未出过一点故障,这意味着宏观世界的物质活动按照最稳定的秩序运行。

　　然而,在量子世界中,未来不只是唯一不变的。就像这一秒存在于这里的电子,下一秒究竟存在于何处,只能进行概率上的判断。也就是说,电子在下一秒以后既可能在这里,也可能在那里。实际上电子究竟出现在那里,只能像掷骰子那样被决定。微观物质的未来没有绝对性,未来只能进行概率上的预测。

4.3　微观物质的行为要用波来描述,呈现波粒二象性

　　物理学经历了四次革命:力学革命、电磁革命、相对论革命和量子革命。在力学革命中,牛顿统一了两个毫不相干的自然现象:天上行星的位移和地面苹果的坠落,提出了万有引力定律。在宇宙中,万有引力链接了茫茫宇宙的各种物体,

并且使它们按照严格的数学方程运动、变化和发展。牛顿提出一个新的物质观：世界万物都是由粒子组成的，其运动规律满足牛顿动力学方程。

在电磁革命中，麦克斯韦把电、磁和光三种物理现象统一起来，创立了麦克斯韦方程组，它的光辉照亮了整个电磁世界。因为电磁波的波速与光速很接近，他认为光是一定频率范围的电磁波。因此，确立了波是另一种类型的物质形态。

在相对论革命中，时间和空间已经失去它的独立性，爱因斯坦提出引力作用来源于时空的扭曲，他发现了第二种形态的波——引力波。引力波就是时空扭曲的波动，它要用爱因斯坦方程来描述。

总之，自近代牛顿力学建立以来，一般认为，自然界存在着两种不同的物质。一类物质是可以定域于空间一个小区域中的实物粒子，其运动状态可以由坐标和动量描述，运动规律遵从牛顿力学原理。另一类物质是弥散于整个空间中的辐射场，其运动规律遵从麦克斯韦方程组。

无论是牛顿方程、麦克斯韦方程组还是爱因斯坦方程都是拉普拉斯决定论的，即给出系统的初始状态，通过解动力学方程，就可唯一地决定系统未来任何时刻的运动状态。两种形态的物质：粒子和波都遵从近距作用，即相互作用的传递不超过光速。

1900 年,普朗克发现了量子,从此量子这个幽灵开始在世界上空游荡,揭开了量子革命的序幕!1905 年,爱因斯坦从普朗克的量子那里出发,提出了光的波粒二象性概念,即光既有波动性又有粒子性,这才是光的本性。

1924 年,法国一个学文科的半路出家投身物理的年轻人——德布罗意,在其博士论文中提出,微观粒子和光一样也具有波粒二象性。例如,电子人们都知道它是一个粒子,然而,在德布罗意看来,电子不但是粒子也是波。他提出具有能量 E 和动量 p 的实物粒子,也都具有波动性,并由以下公式导出粒子动量 p 与波长 λ 的关系:

$$光速\ C = \lambda v$$
$$能量\ E = h v = mc^2$$
$$动量\ p = mc = E/c$$

由此得到 $\lambda = h/p$,这就是著名的德布罗意关系式。由此可见,当 p 小时,λ 就大,波动性显著,粒子性不显著;当 p 大时,λ 就小,粒子性显著,波动性不显著。在微观世界中,粒子动量 p 小,波动性就会显示出来,所以,德布罗意预言电子在运行时,伴随着一个波,这种波被称为物质波(见图 4.4)。

电子、原子、分子都是粒子,这是人们都承认的。德布罗意说所有物质粒子都具有波动性,这一观点立即引起包括爱因斯坦在内的物理学家的关注。1925 年,美国物理学家戴维

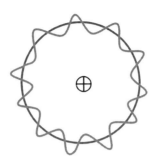

图 4.4　电子也似波

逊和革末通过实验精确证明了电子的波动性。后来,更多的实验接踵而来,进一步证明了不仅限于电子,而且中子、原子、分子等都具有波动性。德布罗意的预言和他本人一样在物理史上流芳百世。

德布罗意将光的波粒二象性推广到所有实物粒子,这就揭示出所有物质都具有一种新的普适本性——波粒二象性。也就是说,世界真实物质只有一种形态:波粒形态。难道篮球、汽车、电脑、人……都有波粒二象性?是的,都有,只是我们宏观物质的波长实在太小了,小到我们永远也不会观察到自身的波动性。看看下面的粒子,简单算算就知道。

例 1:电子,质量 9.11×10^{-28} g,运动速度 10^6 m/s,波长 7×10^{-10} m。

例 2:沙子,质量 0.01g,运动速度 1m/s,波长 7×10^{-20} m。

例 3：石子，质量 100g，运动速度 10m/s，波长 7×10^{-34} m。

总之，物体的质量越大，运动速度越大，那么波长就越短，越难观察到波动性。所幸如此，我们走路才能稳稳当当地前进，而不是像醉汉一样摇摇晃晃找不到北。即使所有物体都有波粒二象性，但超过一定限度，其波动性就由于波长过短而无法显示出来了，于是，就有了我们熟悉的经典世界。

人们会问，实物粒子虽然有波粒二象性，但它们的波长那么短，能有什么作用呢？你可千万别小瞧它，波长越短越有用，比如使用德布罗意波的透射电子显微镜，放大倍数可达到上百万倍，为我们打开了微观世界大门。

量子论的三大核心思想告诉我们：它的每一条理论都具有颠覆性，宏观世界根深蒂固的确定性、连续性和定域性均被打破，物理学在这里再一次被推向巅峰，登上宇宙的极顶。极目眺望，众山皆小！

琴 箫 合 奏

——EPR 与量子猫

5.1　两个基本概念

5.1.1　定域性与非定域性

定域性又称局域性。1935 年爱因斯坦等人给出了定域性假设:"由于在测量时两个体系不再相互作用,那么,对第一个体系所能做的无论什么事,其结果都不会使第二个体系发生任何实在的变化。这当然只不过是两个体系之间不存在相互作用这个意义的一种表述而已。"这就是说,如果两个体系没有相互作用,其中一个体系发生的任何变化不会导致另一个体系发生变化。

也就是说,定域性是指一个物体若要改变自身的运动状态,要么需要受到另一个物体的作用,要么在诸如电场、磁场、引力场中受到力的作用而发生移动，而所有这些相互作用的传递速度都不能比光速快。

定域性的英文是 locality，其词意是：在空间中占有一定位置的事实或性质。非定域性由前缀 non 与 locality 构成 nonlocality。从词义来看，非定域性表示与定域性的"非""不""无"的这样一种性质，即是说，非定域性应作定域性的否定性理解。非定域性表示没有定域性的那样一种性质。

相对论的巨大成功让人相信，定域性是一切物质相互作用应当遵守的法则，任何物理效应包括信息传递都不可能以大于光速的速度传递。然而量子力学让人颇感意外。1964年，贝尔提出了检验定域性的方法——贝尔不等式。贝尔指出所有定域性理论都有一个界限，即贝尔不等式，而一系列实验表明量子力学可以突破这个界限，大自然是允许这种非定域关联的。与定域性相悖，量子世界是非定域性的。简单地说，量子的非定域性是指，属于一个系统中的两个物体（在物理模型中称为粒子），如果你把它们分开了，有一个粒子甲在这里，另一个粒子乙在非常遥远的地方。如果你对任何一个粒子（假设粒子甲）扰动，那么瞬间粒子乙就能知道，并作出相应的反应。这种反应是瞬时的，超越了我们的四维时空（在普通三维空间的长、宽、高三条轴外又加了一条时间轴），是非定域性的。

5.1.2 物理实在

物理学研究物质世界,必须认识客观世界的实在性。那么什么是"实在"呢?最质朴的含义就是实实在在,是真实的,不是虚假的,与人的主观意识无关的。或者说,"实在"就是它本来的那个样子,人的意识不能把它想怎样就怎样,但是意识可以反映它。

在我们头脑中,客观世界的定域性和实在性是根深蒂固的,定域性是指某个时刻一个物体的位置是明确的;实在性是指客观世界不依赖于人的意识而独立存在。然而量子力学的结论是惊世骇俗的。玻尔认为,在量子世界中,所谓的定域性是不存在;而实在性,从物理学角度也是无法确定的。按照哥本哈根学派的解释,不存在一个客观的、绝对的世界。唯一存在的,就是我们能够观测到的世界。测量是新物理学的核心,测量行为创造了整个世界,这种理论是大多数人所不愿接受的。我们一般会毫不犹豫地认为这个世界是实实在在存在的,眼前的电脑,屋外的果树、鲜花,一切的一切,都是实实在在地待在那儿,并不会因为我们注意不到就不存在。为保卫经典世界的实在性,一些科学家不遗余力地提出关于量子力学的不同解释。其中由爱因斯坦等提出的隐变量理论认为,我们不清楚粒子的行为是因为暂时还没有找到隐藏的变量,粒子其实和乒乓球一样是经典存在的。然而，理论必须由实践来检验。后来，贝尔不等式的实验结果，不支持隐变量理论。比如，2000 年，潘建伟，Bouwmeester、Daniell 等人在《自然》杂志上报道，他们的实验结果再次否决了定域的隐变量理论。

5.2 EPR 佯谬

1935 年，爱因斯坦（Einstein）、波尔斯基（Podolsky）和罗森（Rosen）三人（简称 EPR）在《物理评论》发表《量子力学对物理实在的描述可能是完备的吗?》一文，以质疑量子力学的完备性。概括起来就是量子理论应该同时满足：①定域性的，也就是没有超过光速信号的传播；②实在性的，也就是说，存在一个独立于我们观察的外部世界。

在这篇文章中，爱因斯坦设想了一个涉及两个粒子的思想实验。在实验中，两个粒子经过短暂的相互作用后分离开，这一相互作用产生了两个粒子之间的位置关联和动量关联。然后爱因斯坦论证道，由于通过对粒子 1 的位置测量可以知道粒子 2 的位置，而根据相对论的定域性假设，这一测量不会立即影响粒子 2 的状态，从而粒子 2 的位置在测量之前是确定的。同理，粒子的动量在测量之前也是确定的。于是，粒子

2 的位置和动量在测量之前都具有确定的值。而一个完备的理论应当同时给出粒子 2 在测量之前的位置和动量值,但量子力学只能给出关于这些值的统计信息,因此,量子力学是不完备的。后来,薛定谔把两个粒子的这种状态命名为"纠缠态"。EPR 佯谬描述的量子纠缠,是一种从未被世人观察到的现象。简单来说,根据量子力学的描述,可以存在这样一对神奇的粒子,即诞生时具有一定关系,但分开后完全失去联系的两个粒子,对其中一个粒子测量就可以瞬间影响另一个粒子的属性,即使两个粒子相隔天涯海角。也就是说,一个粒子竟然可以以超光速影响另一个粒子! 这对于相对论的发明者爱因斯坦来说,是绝对不可能的。

　　EPR 论文立即引起玻尔的关注与不安。他马上放下手头的其他工作来全神贯注地应对爱因斯坦的挑战。

　　同年 10 月,玻尔在《物理学评论》上发表了一篇与 EPR 同名的文章,以反驳爱因斯坦等人的观点。玻尔既不同意爱因斯坦关于物理实在的朴实看法,也不赞同他的定域性假设。玻尔坚持认为,一个物理量只有在被测量之后才是实在的。同时他还指出,在 EPR 思想实验中,当两个粒子分离开之后,对一个粒子的测量仍将对另一个粒子的状态产生影响,量子纠缠是存在的。最后,玻尔下结论说:"量子力学是一个和谐的数学形式体系,它的预测与微观领域的实验结果符合得很好。既然一个物理理论的预测都能够被实验所证实,而且实验又不能得出比理论更多的东西,那么,我们还有什么理由对这个理论提出更高的完备性要求呢? 因此,从它自身逻辑的相容性以及与经验符合的程度来看,量子力学是完备的。"

然而,对于玻尔所宣扬的"一个物理量只有当它被测量之后才是实在的"观点,爱因斯坦无论如何也不能同意,他回敬道:"难道月亮只有在我看它时才存在吗?"二位大师对量子力学的完备性问题争论多年而没有结果,最终因他们的离去而成为历史的悬案。

需要指出,关于量子力学的争论还在延续。物理世界是确定的还是不确定的? 是解析的还是数据的? 是统一的还是分裂的? 是唯一的还是多样的? 是终极的还是不断发展的? 这些问题也许没有最终答案,但在每一个物理学家的心目中都有一份自己的坚守、自己的理想和自己的信仰。

5.3　薛定谔的"猫"

受 EPR 文章的启发,1935 年,薛定谔在德国《自然科学》上发表了题为"量子力学目前形势"的文章,从另一个角度表达了对量子力学正统观点的不满。

文中提出一个薛定谔猫的思想实验,大意是,在一个封闭

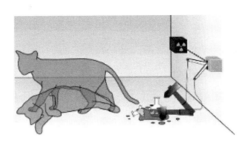

图 5.1　薛定谔猫实验

的箱子里,放上一只猫,箱子里面用盖革计数器一端连着一个盛有剧毒氰化物的封闭玻璃瓶,另一端连着盛有美味食物的瓶子。盖革计数器管中有一小块辐射物质,非常小,在一小时内只有一个原子衰变。当一个原子衰变,就会通过盖革计算器触发小锤,或者使含剧毒玻璃瓶破裂,必定毒死猫;或者使食物玻璃瓶破裂,猫就是活的。按照经典世界规则,一小时结束时,猫不是死就是活,二者必居其一。

　　这个实验令人困惑的地方在于,根据量子力学,箱内整个系统将处于两种状态的叠加态,在一种状态中猫是活的,在另一种状态中猫是死的。或者说,箱中的猫处于奇怪的活与死的叠加态。然而,根据人们的日常经验,箱中的猫要么活着,要么死了,两者必居其一。这的确是一个让人尴尬和难以想象的问题。连霍金也曾说过:"当我听说薛定谔的猫的时候,我就跑去拿枪。"

　　在宏观世界里，猫怎么可能处于既生又死的状态，薛定谔认为这非常好地反驳了哥本哈根派关于量子叠加态诠释的荒谬。但正统一派并不在意，因为他们只关心实验观测，对于没有观测时的猫的状态不感兴趣。并且认为在观测之前，人们不能确切地知道猫的状态，中国古代文学家王阳明在《传习录·下》中说过一句有名的话："你未看此花时，此花与汝同归于寂；你来看此花时，则此花颜色一时明白起来……"如果王阳明懂得量子理论，他多半会说："你未观测此花时，此花并未实在地存在，按波函数而归于寂；你来观测此花时，则此花波函数发生坍缩，它的颜色一时变成明白的实在……"测量即是理，测量外无理。可见，量子力学的确引进一种崭新的思想。

　　"薛定谔的猫"是科学史上著名的怪异形象之一，现在成了举世皆知的明星，常常出现在剧本、漫画和音乐之中，它最长脸的一次大概是被"恐惧之泪"，这个在 20 世纪 80 年代红极一时的乐队作为一首歌的标题演唱，歌词是"薛定谔的猫死在这个世界"。

量子的迷人风采

　　物理科学永远处于进化之中，没有终极版，只有现代版。在物理学进化的历史上，先有经典力学，后有量子力学。在量子力学创立之前，许多的物理现象都已经被经典力学研究过了。例如，月球如何绕地球运动；地球又如何绕太阳运动；高尔夫球在猛烈打击之后如何在空中飞跃，在轻轻拨动之后又如何沿着地面滚动；等等。所有这些问题，只要知道物体的初始条件和受力情况，经典力学都可以计算其运动轨迹，预言其最终状态。但是，从 20 世纪初开始，物理学家发现，在研究微观粒子的时候，经典力学就无法得到正确的结果。读者将会发现，在微观尺度上的许多物理现象完全违背人们的日常生活常识，涌现出许多奇妙的特性。正如著名的物理学家费曼所说："一切人类的直接经验和直觉只适用于宏观物体。"

　　量子粒子不同于经典粒子，其特性可归结如下几个方面。

6.1 微观粒子的波粒二象性

在东方文化中,佛家把能看见的世界叫色,就是指粒子态;看不见的世界叫空,就是波态。

道家把能看见的世界叫物,这是粒子;把看不见的世界叫道,这是波。

但是,在日常生活中,人们没有看到一个东西,它既是粒子又是波。粒子可以分成一个一个的最小单位,波是连续的能量分布;粒子是直线前进的,波却能向四面八方发射;粒子可以静止在一个固定的位置上,波必须动态地在整个空间传播。粒子和波是两种截然不同的东西,它们不可能统一到一个物理客体上。

光,我们每时每刻都在同它打交道。正因为有光的存在,我们才能看到多彩多姿的世界;正因为有光的存在,地球上的生命才能世代繁衍;也正因为有光的存在,我们才能探索宇宙。于是,人们一直怀着极大的兴趣来研究光的性质。光究竟是一种什么东西呢? 早在 17 世纪就有两种可能的假设:粒子说和波动说。从此,物理学上便开始了一场粒子说和波动说的大争论,一争就是一个世纪。

1672 年,牛顿做了著名的三棱镜分光实验,他发现当一束白光通过三棱镜后,就会形成一条含有各种颜色的彩虹,称为光谱。牛顿提出了光的微粒说:"光是一群难以想象的细微而迅速运动的大小不同的粒子。"这些粒子被发光体"一个接一个地发射出来。"如同你打开手电筒时,无数光子就像出了膛的子弹一样,笔直地射向远方。牛顿认为光是一种粒子。

同时代的胡克、惠更斯则认为光是一种振动波,没有物质性,以波的形式向四周传播,就像往河里扔了一块石头产生水波一样,光也是一种波。

波动说也曾占据上风!但由于牛顿是举世瞩目的伟大科学家,他具有无与伦比的学术地位,所以粒子说更容易被人接受。1764年牛顿出版了巨著《光学》,从粒子的角度对光的各种性质作了解释,从此他的粒子说无人敢于挑动。在以后的一个多世纪内粒子说的大旗高高飘扬,而波动说则渐渐为人们淡忘。

一百多年过去了,1801年英国科学家托马斯·杨横空出世,向牛顿发起挑战。在一个月黑风高的夜晚,杨点燃一支蜡烛进行了光的干涉实验。他让光通过两个彼此靠近的针孔投射到屏幕上,结果出现了一系列明暗交替的条纹,这就是让历史永远铭记的干涉条纹(波动性的典型特征)。后来,他又把两个针孔改成双缝,在物理实验中首次引入双缝的概念,这就成为名扬四海的杨氏双缝实验。实验结果震惊了整个粒子学派,纵使牛顿的绝对权威也不得不发生动摇。

1861年,英国物理学家麦克斯韦建立了著名的电磁场方程组。从这个方程组出发,麦克斯韦预言了电磁波的存在。由于电磁波的传播速度和光速十分接近,他提出光是一种电磁波。到1888年,德国物理学家赫兹证实了电磁波的存在。接着,他又证明了电磁波与光一样具有干涉、衍射、偏振等性质,最终确立了光的电磁波理论。这是光的波动说的新形式,是人类认识光的本性方面的一个大的飞跃。至此,光的波动说达到了光辉顶点,终于成为一个板上钉钉的事实,而粒子说似乎无法翻身了。

从此,光的波动说开始被人们广泛认可,终于占据了统治地位。那么,光的本性就是波动吗? 不,一切远远没有结束。

1888年,赫兹在实验中意外地发现,当光照到金属表面上会打出电子,这种现象叫光电效应。1900年,德国物理学家勒纳发现了光电效应的重要性质:光电子的数目随光的强度而增加,可是光电子的动能只与光的频率有关,与光的强度无关。这个实验事实与光的波动理论相矛盾,光的波动说不能解释光电效应。如何解释光电效应呢? 科学家们显得一头雾水。无巧不成书,科学史上一位最天才的传奇人物恰恰生活在那个时代。

1905 年，爱因斯坦发展了普朗克的量子假说，提出了光量子的概念。他认为光是不连续的粒子，一束光是一粒一粒以光速运动的粒子流。这些粒子叫作光量子，简称光子。光子的能量 $E=h\nu$，式中 h 为普朗克常数，ν 为光的频率。因为每个光子的能量都是固定的 $h\nu$，那么光照射到金属表面，金属所受到的打击主要取决于单个光子的能量而不是光的强度。光是否能够从金属表面打击出来电子，只和光的能量（或频率）有关，而和光的强度无关。光的强度只决定电子的数目而已。利用光量子的概念成功地解释了光电效应，让光的粒子性再次凸显出来，这不是牛顿粒子说的还魂吗？爱因斯坦似乎又把光的理论从波动说带回到粒子说，迫使科学家重新考虑光的本性。

综上所述，对于光的研究，科学发现，一方面存在着干涉、衍射、偏振等现象，这些现象说明光是波；另一方面又存着光电效应、黑体辐射，这些现象表明光是粒子。那么，光究竟是波，还是粒子呢？这就使物理学家处于十分困难的境地。为了克服这个困难，爱因斯坦于 1909 年 9 月在德国自然科学家协会第 81 次大会上说："理论物理学发展的随后一个阶段，将给我们带来这样一种光学理论，它可以认为是光的波动性和发射性的某种综合。对这种见解作出论证，并且指出深刻地改变我们关于光的本质和组成的观点,是不可避免的。"在这里,爱因斯坦提出了光的波粒二象性的概念,即光既有波动性又有粒子性,这才是光的本性。

1916 年,爱因斯坦在《关于辐射的量子论述》论文中,巧妙地将代表粒子性的光子能量公式 $E = h\nu$ 和代表波动性的光子动量公式 $p = h/\lambda$ 联系起来,实现了粒子性和波动性这两种表现形式的统一。可见,爱因斯坦的光子理论并不是以往光的粒子说和光的波动说的简单结合,而是一个伟大的新发现。

纵观 300 多年光的"波粒之争",可以看出:"粒子说"的困难关键在于解释不了光的双缝干涉、衍射等现象;"波动说"的困难关键在于解释不了光的直射、光电效应等现象。直到光的"波粒二象性"的发现才里程碑式地结束了这场争论。

对于一种物质来说,本质是唯一的吗? 可不可以有两个本质? 显然是可以的。前面我们说到光有两个本质,光既有波动性又有粒子性,具有波粒二象性。1924 年,法国物理学家德布罗意受爱因斯坦思维方式的启迪,认识到爱因斯坦光的波粒二象性乃是遍及整个物理世界的一种绝对普遍现象,并勇敢地发展了爱因斯坦的思想,提出了一个更加大胆的思想：正像光具有波粒二象性一样,一切微观粒子(如电子、质子、中子、光子等)也具有波粒二象性,例如电子,人们知道它是一个粒子,然而,在德布罗意看来,电子不但是粒子也是波。在他的博士论文中,假设具有能量 E 和动量 p 的实物粒子,也都具有波动性,其频率、波长分别由下式给出:

$$\nu = \frac{E}{h} \quad \lambda = \frac{h}{p}$$

或

$$p = \frac{h}{\lambda} \quad E = h\nu$$

式中,E、p 为描述粒子性的物理量;ν、λ 为描述波动性的物理量。

实物粒子既可以用能量 E 和动量 p 来描述,又可以用波长 λ 和频率 ν 来描述。德布罗意用这两个关系式揭示了实物粒子既可以有连续的波动性,也可以有非连续的粒子性。在这里,德布罗意提出的问题,已经不再仅仅是光子、电子是粒子还是波,而是整个物质世界到底是粒子还是波。

在经典力学中,粒子性和波动性是不可能统一到一个物理客体上的,它们是互斥的、对立的和不相容的一对概念,两者不能形成统一的图像。可是,在微观世界中,波粒二象性是一切实物粒子的本质特征,是量子理论的灵魂。

6.2　量子态叠加性

　　如果 ψ_1 和 ψ_2 是体系的可能状态,那么它们的线性叠加 $\psi = C_1\psi_1 + C_2\psi_2$($C_1$,$C_2$ 是复数)也是体系的一个可能状态,并且这种叠加可以推广到很多态。当粒子处于态 ψ_1 和态 ψ_2 的线性叠加态 ψ 时,粒子是既处在态 ψ_1,又处在态 ψ_2。

　　在量子力学中,波函数 ψ 被用来描述一个物理体系的状态,粒子处于波函数定义的所有状态的叠加态。也就是说,它既在这里,又在那里,也可以说哪里都不在,只存在于波函数的方程里。只有对该粒子的具体状态进行测量时,波函数的叠加态突然结束,坍塌到某个特定值,我们才能知道该粒子究竟处于什么状态。量子力学神奇之处在于:你不对粒子进行观测,它就处于叠加态;你一观测,它的这种叠加态就崩溃了,坍缩到一个唯一状态。

　　推广到更一般情况,当 ψ_1,ψ_2,$\cdots$,ψ_n 是体系的可能状态时,它们的线性叠加:

$$\psi = C_1\psi_1 + C_2\psi_2 + \cdots + C_n\psi_n = \sum_{i=1}^{n} C_n\psi_n \qquad (1)$$

也是体系的一个可能状态,其中 C_1,C_2,$\cdots$,C_n 为复常数。

　　当 $n = 2$ 时,由式(1)得到

$$|\psi|^2 = |C_1\psi_1 + C_2\psi_2|^2$$
$$= |C_1\psi_1|^2 + |C_2\psi_2|^2 +$$
$$C_1^*C_2\psi_1^*\psi_2 + C_1C_2^*\psi_1\psi_2^* \qquad (2)$$

显然，$|\psi|^2 \neq |C_1\psi_1|^2 + |C_2\psi_2|^2$，也就是体系在 ψ 态的概率密度不等于体系在 ψ_1 处的概率密度 $|C_1\psi_1|^2$ 和体系在 ψ_2 处的概率密度 $|C_2\psi_2|^2$ 之和，在式(2)中还有干涉项 $C_1^*C_2\psi_1^*\psi_2 + C_1C_2^*\psi_1\psi_2^*$。因此，量子叠加必然导致微观粒子(电子、光子等)的波动特性。量子叠加是微观粒子波动性的起源，具有丰富的物理内涵。

从量子叠加性可以看出量子力学不同于经典力学之处：

(1) 量子态叠加可以扩展为几个甚至很多个态。而且叠加是线性的。量子态叠加表明微观粒子体系是线性系统，它所遵循的运动方程是线性方程。量子态叠加性与经典波的叠加性在加减形式上完全相同，但是实质完全不同。两个相同态的叠加在经典力学中代表着一个新的态，而在量子力学中则表示同一个态。

(2) 量子力学提出了波函数的概念。经典力学没有波函数的概念，它描述粒子状态的物理量都是可以直接观测的量，如粒子的位置和动量。在日常生活中人们也习惯于经典力学的描述。而在量子力学中，对粒子状态的描述是用不可观测量——波函数，它是一种概率波。波函数既不描述粒子的形状,也不描述粒子的运动轨道,它只给出粒子在某处出现的概率。波函数概念的形成正是量子力学完全摆脱经典的观念,走向成熟的标志。

(3)量子力学对"测量"作出了自己特有的解释。对物理量(如粒子位置)进行测量的作用是把弥散在空间各处的波函数"坍缩",从而得到确定的结果。测量是量子从叠加态转变为本征态的唯一手段。在经典力学中,因为宏观物体只能显示粒子性,它的波动性根本显示不出来,所以宏观物体构成了一种物理实在,与你观测无关。而微观粒子却有粒子和波动两种属性,在这种情况下,你的观察就会起到决定性作用了。

(4)在经典力学中,任何过程的传播都不能超过光速。但在量子力学中,测量之前波函数弥散在空间各处,测量后波函数只存在于某个特定的位置,这个"坍缩"过程是"瞬时"发生的,它可能超过光速吗?爱因斯坦认为这种瞬间的波函数塌缩存在一种超距作用,其信息传递是超光速的,是违背相对论的。爱因斯坦把这种指责最后提炼为一个成为 EPR 佯谬的思想实验。

量子力学中的粒子状态可以叠加存在的观点,已被越来越多的物理实验(如电子的双缝干涉实验)所证实,这是微观世界中最重要的性质,也是量子论的核心内容。

量子态可以叠加,因此量子信息也是可以叠加的。也就是说,1 个比特的量子信息既可以处于 $|0\rangle$ 态,又可以处于 $|1\rangle$ 态,而且可以处于 $|0\rangle$ 和 $|1\rangle$ 的叠加态:

$$|\psi\rangle = a|0\rangle + b|1\rangle$$

式中,a 和 b 是复系数,且归一化后 $|a|^2 + |b|^2 = 1$。

这里,$|a|^2$ 是对量子态 $|\psi\rangle$ 进行测量得到 $|0\rangle$ 态的概率,同样 $|b|^2$ 是对量子态 $|\psi\rangle$ 进行测量得到 $|1\rangle$ 态的概率。我们假设两种概率相等($a=b$),因概率之和总是等于 1,所以每个量子态的系数是 $\frac{1}{\sqrt{2}}$ 即

$$|\psi\rangle = \frac{1}{\sqrt{2}}(|0\rangle + |1\rangle)$$

这个式子表示微观粒子必须同时处在 $|0\rangle$ 和 $|1\rangle$ 两个量子态的叠加中,粒子没有一个确定的位置,它同时在这里又在那里!

1 个经典比特信息只能表示 0 或 1 这一状态,就像一枚硬币,要么是正面,要么是反面。而 1 个量子比特信息可以同时表示 2 个状态,2 个量子比特就是 4 个,3 个量子比特就是 8 个……随着量子比特的增加,量子系统所能包含的信息会呈指数方式增加,这是非常惊人的。对于奇妙的量子叠加性,我们形象地讲,粒子可以同时处于两个不同的位置;可以同时通过双缝;可以同时做不同的事情;也可以一边工作,一边休息。

那么，这种同时性或并行性又有什么用途呢？大家一定会想到：用于并行计算。多比特的量子叠加就成为量子计算机实现并行计算的重要基础。如果把传统的串行计算机比作一种单一乐器，那么并行计算的量子计算机就像一个交响乐团。高效率的量子计算机，可以用来探索前人从没有抵达过的量子秘境。

6.3　量子隧穿效应

在中国的民间传说中，有一位会穿墙术的崂山道士，他能够轻易穿过厚厚的墙壁而毫发无损。由于量子的存在，这一传说在微观世界中却成为了现实，在那里每个粒子都是精通"穿墙术"的小崂山道士。

在经典力学中，一个高尔夫球被打击后能否越过土坎，有两种可能的运动路径：越过土坎或原路返回，这取决于球员的打击力度（见图6.1）。打击力度不够大，球会在到达土坎的顶点之前的某一个高度停止，然后沿原路返回。如果打击的力度足够大，球获得较大初始动能，就会越过土坎，滚向前方，最后落入球洞。在物理上，我们把凸出地面的土坎称为势垒，把小球称为粒子。

我们知道，一个人不能穿过墙壁的原因在于他没有足够

图 6.1　高尔夫球队打击后的运动路径

的运动能量。然而,对于生活在微观世界中的粒子,能否通过势垒的问题,量子力学给出与经典力学不同的解答。根据量子运动的规律,即使粒子的能量低于势垒的高度,它同样可以穿过势垒,尽管这种穿越过程只能以很少的概率发生。在图 6.2 所示的电子势垒实验中,电子是穿透势垒还是被势垒反射回来,并非完全由它的初始动能所决定。不管电子发射器的初始动能有多大,总有一些电子被反射,也总有一些电子穿透。

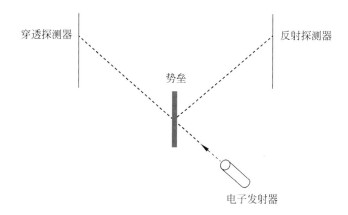

图 6.2　电子势垒示意图

那么,粒子为什么能够穿越比它能量更高的势垒呢? 根本原因在于微观粒子具有波粒二象性。因为粒子具有波动性,粒子将有一定的分布密度,其广度会波及势垒之外,即使粒子能量低于势垒能量,它也有一定的概率出现在势垒之外。而且粒子能量越大,出现在势垒之外的概率越高。但如果我们把微观世界的粒子换成宏观世界的物体,比如人,因为人具有极其微弱的波动性,则穿越势垒的概率极小,几乎不可能。图 6.3 为人与粒子隧穿示意图。图中人在赶路,前面有一座大山挡住了去路,那么人如果要去往大山的另一边,就只能翻过去。但对于粒子而言,它可以直接穿过去,即使能量不足,也可以穿山而过。看来,微观粒子的确是名副其实的小崂山道士,尽管只是概率型的。

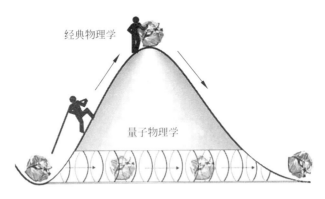

图 6.3　人与粒子隧穿示意图

量子隧穿效应的诞生为我们解释了很多生活里的现象，因为基本粒子没有形状，没有固定的路径，不确定性是它唯一的属性，既是波又是粒子，就像我们对着墙壁大吼一声，即使99.99％的声波被反射，仍有部分声波衍射穿墙而过到达另一个人的耳朵。因为墙壁是不可能切断物质波的，只能在拦截的过程中使其衰减。

量子隧穿效应的应用范围十分广泛，比如扫描隧穿显微镜的设计原理就来源于量子隧穿效应。扫描隧穿显微镜的放大倍数可高达一亿倍，分辨率达 0.01mm，从而使人类第一次能够实时地观察单个原子在物质表面的排列状态。打个比方来说，如果电子显微镜是用眼睛看物体表面的话，那么，扫描隧穿显微镜就是用手在摸物体表面，从而感知其表面的凹凸不平。

按人的意志来排列一个个原子，曾经是人们遥不可及的梦想，现在，这已成为现实。扫描隧穿显微镜不但可以用来观察材料表面的原子排列，而且能用来移动原子。可以用它的针尖吸住一个孤立原子，然后把它放到一个位置上。这就迈出了人类用单个原子这样的"砖块"来建造物质"大厦"的第一步。

量子扫描隧穿显微镜的应用已经渗透到科学的各个领域，在表面科学、材料科学、信息科学与生命科学研究中有着

重大的意义,被国际科学界公认为 20 世纪 80 年代世界十大
科技成就之一。

6.4　量子态纠缠性

如果两个粒子是从一个粒子或同时从一个微观系统中产
生的,那么它们自然会有纠缠。这时测量一个粒子的状态,另
一个粒子的状态立刻会发生改变。而且,不管这两个粒子相
距多么遥远。正如古诗所云:"君在长江头,我在长江尾,日
日思君不见君,共饮长江水。"

量子纠缠现象其实是一种超乎寻常的超距作用。在微观
世界里,量子系统下的一对纠缠粒子,如果被置于两地,无论
它们相距多么遥远,都会同时感应到彼此。即便一个粒子在
地球上,而另一个粒子在银河系外,它们也会同时感应到对
方。这种现象在宏观世界会变得异常地超乎常理! 甚至爱因
斯坦也很困惑,以至于称其为"魔鬼般的超距作用"。虽然爱
因斯坦极其不理解量子纠缠,但是越来越多的实验已经表明,
量子纠缠就是微观世界最普遍的一种现象。但你或许会好
奇,狭义相对论不是规定了速度的极限就是光速吗? 量子纠
缠感应速度那么快,为什么不违背相对论呢?

诚然如此,现代物理学已经告诉我们,量子纠缠的速度至

少是光速的 4 个数量级，也就是至少是光速的 1 万倍，这还只是量子纠缠的速度下限！其实在相对论中的光速极限原理，指的是把一个实物粒子不能加速到超过光速，因为物体的速度越快，质量就越大，当速度接近光速时，质量就逼近无穷大，也就需要无穷大的能量来推动它加速运动，所以实在物体的最大速度不能超过光速。而量子纠缠就完全不同，这种速度只是感应速度，并不需要把实在物体加速到光速以上，所以量子纠缠也不能传递信息，因为纠缠粒子之间的感应并不是通过传播子来完成的，而电磁波之所以可以传递信息，是因为电磁波本身就包含着光子这种实物传播子。总之，量子纠缠不涉及任何物质、能量和信息的传输，不违反相对论。如果有人希望突破光速传送信息，则是不切实际的幻想。但是到目前为止，科学家也不知道量子纠缠的内在机制究竟是什么？科学家只能肯定量子纠缠是一种客观现象。

对于宏观物体来说，如果它被分解为许多碎片，各个碎片向各个方向飞去，可以描述各碎片的状态，就可以描述整个系统的状态。即整个系统的状态是各个碎片状态之和。但是，量子纠缠表示的系统不是这样。我们不能通过独立描述各个量子的状态来描述整个量子系统的状态。量子纠缠让两个粒子产生神秘的超越时间和空间的关联。处于量子纠缠的两个粒子，无论其距离有多远，它们都不是独立事件，一个粒子的状态变化都会影响另一个粒子瞬时发生相应的状态变化,即两个粒子间不论相距多远,从根本上讲它们还是相互联系的,且不需要任何直接交互。这一现象既违背了经典力学,也颠覆了我们对现实的常识性理解。

假设一个零自旋中性 π 介子衰变成一个电子与一个正电子。这两个衰变物各朝着相反的方向移动。电子移到区域 A,在那里的观察者会观测电子沿着某特定轴向的自旋;正电子移动到区域 B,在那里的观察者也会观测正电子沿着同样轴向自旋。在测量之前,这两个纠缠粒子共同形成了零自旋的纠缠态 $|\psi\rangle$,是两个直积态的叠加,以狄拉克标记表示为

$$|\psi\rangle = \frac{1}{\sqrt{2}}(|\uparrow\rangle \otimes |\downarrow\rangle + |\downarrow\rangle \otimes |\uparrow\rangle)$$

式中 $\langle\uparrow|$,$\langle\downarrow|$ 分别表示粒子自旋为上旋或下旋的量子态。

在圆括号内第一项表明,电子的自旋为上旋当且仅当正电子的自旋为下旋;第二项表明,电子的自旋为下旋当且仅当正电子的自旋为上旋,两种状态叠加在一起,每一种状态都可能发生,不能确定到底哪种状态会发生,因此,电子与正电子纠缠在一起,形成纠缠态。假若不做测量,则无法知道这两个粒子中任何一个粒子的自旋。一旦我们测量其中一个粒子的状态(比如电子的自旋向上),就能够瞬间知道另一个粒子的状态(比如正电子的自旋向下),无论它们之间距离(比如 A

区至 B 区)有多么远。

通常一个量子是无法产生纠缠的,至少要有两个量子才行。这种纠缠必须是某种物理量的纠缠,比如光子的偏振纠缠,电子的自旋纠缠等。即必须寄托于某个物理量。鉴于全部现有的量子纠缠实验都离不开光子,光子便处于量子纠缠制备的中心地位。2016 年 8 月 16 日,中国量子科学实验卫星"墨子号"首次成功实现,两个纠缠光子被分发到超过 1200 公里的距离后,仍可继续保持其量子纠缠状态。

如何实现光子纠缠呢?通常对光子源产生的光子通过各种光学干涉的方法来获取。产生纠缠的光子数越多,干涉和测量系统就越复杂,实验难度也就越大。一个常用的办法是,利用晶体管的非线性效应。比如,把一个具有紫外线的光子放进晶体管,由于非线性效应的存在,在输出端可以得到两个红外线光子。因为这两个红外线光子来源于同一个"母亲",就处于相互纠缠的状态了。

量子纠缠是两体及多体量子力学中非常重要的概念,是一种物理存在,它具有以下启示意义。

(1)量子信息的传递速度是非定域的、超光速的。非定域、超光速并不是一个新问题,自 EPR 关联提出以来就受到了极大的关注,但量子纠缠的成功实验,人们再也不怀疑量子信息具有非定域性与超光速性。

即使没有对量子系统进行测量，量子系统中仍然包含信息，只是这些信息是隐藏着的，我们可以称之为本体论量子信息。当量子系统被测量之后，就产生了一系列数据，这是一种确定的信息，我们称之为认识论量子信息，实际上，就是经典信息。我们可以得到这样的结论：本体论量子信息传递速度超过光速，它的存储不受距离的影响，可以是非定域的；而任何认识论量子信息即经典信息则不超过光速，只能定域存储。

（2）量子纠缠能够实现隐形传态。原则上，利用量子纠缠就可能实现"瞬间移动"。比如，先制备一对处于叠加态的粒子，把其中的一个粒子送到遥远的地方，另一个粒子留在原地。然后让留在原地的那个粒子和一个新的粒子发生作用，作用的结果就是原来粒子的状态发生了改变，那么远处的那个粒子的状态必然瞬时改变。

如果实验设计得恰当，就可以让远处的那个粒子改变了状态之后和这个新的粒子的原始状态一致，那就相当把这个新的粒子瞬时传递到了远处，学术界称为量子隐形传态，因为传递的是粒子的状态，并不是粒子本身！

这件事早就被实验证实了，而且也在中国量子科学实验卫星"墨子号"上实现了。既然所有的物质都是由粒子组成的，只要把一个物体所有的粒子性质都传递过去，就相当于把这个物体"瞬间移动"过去了。

（3）量子纠缠是量子信息的基础，由此催生了一系列的量子信息技术，主要包括三个方面：利用量子通信可以实现原理上无条件安全的通信方式；利用量子计算可以实现超快的计算能力；利用量子精密测量可以在测量精度上超越经典测量的精度极限。

一百年前，量子横空出世，许多物理学家曾经牵挂它的命运与前途。爱因斯坦的同事惠勒深情地说："遇见量子，就如同一个远方的探索者第一次看见汽车。这个东西肯定是有用的，而且有重要用处，但是，到底有什么用呢？"一百年后，越来越多的研究表明，基于量子特性所催生的量子技术，正向经典领域挺进，并在克服经典领域原来所不能解决的许多问题，这很可能在不远的将来引发新一轮技术革命。

7 量子力学的"华山论剑"

20世纪物理学史上发生了一场最激烈,影响最大,意义最深远的争论——玻尔—爱因斯坦之争。两位最伟大的物理巨擘就量子物理中的随机性即不确定性问题展开"华山论剑",其中有过这样一段经典的对白:

爱因斯坦:"亲爱的,上帝不掷骰子!"

玻尔:"爱因斯坦,别去指挥上帝应该怎么做!"

玻尔,还有玻恩、海森堡、泡利同属哥本哈根学派;站在他们反面的除了爱因斯坦,还有薛定谔和德布罗意。他们都是物理大师,同量子论的创立者普朗克和量子力学的集大成者狄拉克一样,因其各自对量子物理的杰出贡献而先后荣膺诺贝尔物理学奖。

1924年、1925年、1926年和1927年,从时间上来说,只是短短的四年,但在物理史上确是一个新纪元!物质波理论、矩阵力学、不相容原理、波动力学、波函数的统计解释、不确定性原理、互补原理……这么多伟大的理论全部都诞生在这四年，它们一步步走进量子世界的最深处，迎来了量子论真正意义上的爆发，并足以撼动整个物理学，甚至颠覆我们的世界观。

在上述理论中，玻恩的概率解释、海森堡的不确定性原理和玻尔的互补原理，三者共同构成了量子论"哥本哈根解释"的核心。前两者摧毁了经典世界的严格因果性，后两者又合力捣毁了世界的绝对客观性。

首先，玻恩天才地指出，波动方程的"波"，不是经典力学中的机械波或者电磁波，而是一种概率波。因为我们的观测给事物带来各种原则上不可预测的扰动，量子世界的本质是"随机性"。传统观念中的严格因果关系在量子世界是不存在的，必须以一种统计性的解释来取而代之。波函数 ψ 就是一种统计，它的平方代表粒子在某处出现的概率。当我们说：电子出现在 x 处时，我们并不知道这个事件的"原因"是什么，它是一个完全随机的过程，没有因果关系。玻恩引入的概率论对经典物理的决定论来说是一个彻底的颠覆。

其次，不确定性原理限制了我们对微观事物认识的极限，通过该极限，可以知道粒子的位置测量得越准确，动量就以一种越模糊不清的面目出现，反之亦然。同样，时间 t 测量得越准确，能量 E 就会越起伏不定。它们之间的关系遵循类似的不确定性规则：$\Delta t \, \Delta E \geqslant h/4\pi$。我们的量子世界就是这样的奇妙,各种物理量都遵循海森堡的不确定性原理:这就仿佛我们有两只眼睛,一只眼睛可以观测位置,另一只眼可以观测动量(或速度),但是如果我们同时睁开两只眼睛,那就会头昏眼花了。不确定性原理的横空出世,使经典物理大厦又遭到一轮重炮袭击。

最后,玻尔用一种近乎哲学的口吻说道:电子是波又是粒子,当你观测时,它就以粒子形式存在;不观测时就以波的形式存在。所谓波粒二象性,仅取决于观测方式而已。事实上,一个纯粹的客观世界是没有的,任何事物都只有结合一个特定的观测手段,才谈得上具体意义。对象所表现出来的形态,很大程度上取决于我们的观察方法。对同一个对象来说,这些表现形态可能是互相排斥的,但又必须被同时用于这个对象的描述之中,这就是互补原理。玻尔为了形象地解释他提出的互补原理,举日本富士山的例子:"在黄昏时,山顶笼罩在云层中,山体朦胧,显示出一种雄伟庄严的景象;到了早晨太阳出来了,山体清清楚楚,使人心旷神怡。这就是富山的两种'互补'景象。两种景象不能同时出现,但你若舍弃其中的一种,也就不能完全代表富士山。"

哥本哈根解释表明了玻尔等人对于原子尺度世界的态度,而爱因斯坦等人决心要维护经典世界的光荣秩序,让古典法则获得应有的尊严。双方的对决在第五届索尔维会议达到高潮。

　　从 1911 年成功召开第一届索尔维国际物理学讨论会以来,索尔维会议一直致力于解决物理学中突出的悬而未决的问题,大约每三年举行一次。第五届索尔维会议于 1927 年 10 月在比利时首都布鲁塞尔召开,这次会议邀请了当时几乎所有的最杰出的物理学家,洵为盛会。图 7.1 为第五届索尔维会议参加者合照,这是史上智商最高的科学巨匠合影,各种物理公式定理都坐在了一起,真正的大师聚会! 会议从 10 月 24 日到 29 日,为期 6 天。主题是"电子与光子"。这个议程本身简直就是量子论的一部微缩史。会议泾渭分明地分成两大阵营:哥本哈根派的玻尔、玻恩、海森堡和泡利。哥本哈根派的劲敌:爱因斯坦、德布罗意和薛定谔。

图 7.1　第五届索尔维会议参加者合照

　　德布罗意一马当先在会上做了发言。他试图把粒子融合到波的图像里去，提出了一种"导波"理论，认为粒子是波动方程的一个奇点，它必须受波的控制和引导，将波函数视为引导粒子动作的向导波。泡利站起来狠狠地批评这个理论，他首先不能容忍历史车轮倒转，回到一种传统图像中，然后他引用了一系列实验结果反驳德布罗意。最后，德布罗意不得不公开声明放弃他的观点。

　　接着，薛定谔作了题为"波动力学"的报告，他又搬出自己的"电子云"理论，认为电子是一种波，就像云彩一样在空间扩散开去。波函数就是电子电荷在空间中的实际分布，本身代表一个物理实在的可观测量。薛定谔的报告激起与会者很大争论，甚至认为他并不完全理解自己写出的波动方程是什么意思，特别是那个未知的波函数"ψ"，直至玻恩将概率引入这才真相大白。但是他依然坚持用概率来描述电子并不真实，是"胡扯"。玻恩回敬道："不，一点都不胡扯。"

　　在这次会议上，爱因斯坦第一次公开发表对哥本哈根观点的反对意见，尽管他只提出一个很简单的反驳，但思想却极为深刻。他提出了一个模型：一个电子通过一个小孔得到衍射图像。爱因斯坦指出，目前存在两种观点：第一是说这里没有"电子"，只有"一团电子云"，它是一个空间中的实在，为德布罗意—薛定谔波所描述。第二是说有一个电子，而 ψ 是它的"概率分布",电子本身不扩散到空中,而是它的概率波。爱因斯坦承认,观点二是比观点一更加完备的,因为它整个包含了观点一。尽管如此,爱因斯坦仍然说,他不得不反对观点二。因为这种随机性表明,同一个过程会产生许多不同的结果,而且这样一来,感应屏上的许多区域就要同时对电子的观测做出反应,这似乎暗示了一种超距作用,从而违背相对论。

　　爱因斯坦的上述分析是关于量子论与相对论的不相容性的最早观点。他话音刚落,在会议室的另一边,玻尔也开始摇头。可惜的是,玻尔等人的原始讨论记录没有官方资料保存下来。据海森堡1967年的回忆说:"讨论很快就变成了一场爱因斯坦和玻尔之间的决斗:当时的原子理论在多大程度上可以看成是讨论了几十年的那些难题的最终答案呢? 我们一般在旅馆用早餐时就见面了,于是爱因斯坦就描绘一个思想实验,他认为从中可以清楚地看出哥本哈根解释的内部矛盾。然后爱因斯坦、玻尔和我便一起走去会场,我就可以现场聆听这两个哲学态度迥异的人的讨论,我自己也常常在数学表达结构方面插几句话。在会议中间,尤其是会议休息的时候,我们这些年轻人——大多数是我和泡利——就试着分析爱因斯坦的实验,而在吃午饭的时候讨论又在玻尔和别的来自哥本哈根的人之间进行。一般来说,玻尔在傍晚的时候对这些思想实验完全心中有数了,他会在晚餐时把它们分析给爱因斯坦。爱因斯坦对这些分析提不出反驳,但在心里他是不服气的。"

爱因斯坦当然是不服气的,他如此虔诚地信仰因果律,以致决不能相信哥本哈根的那种概率解释。就在这次会议上,爱因斯坦当众抛出了那句名言:"上帝是不会掷骰子的。"

然而,事实上支配粒子行为的并不是什么"上帝",而是概率。1927年的这场华山论剑,爱因斯坦终究输了一招。

第五届索尔维会议的论战可以说是物理史上最为精彩、最高配置的对决,虽然这场论战十分尖锐、激烈,但是却展现了双方对于科学的严谨态度,这是一场真正的学术论战,是学术论战的光辉典范。

时光荏苒,一弹指又是三年。1930年,第六届索尔维会议在布鲁塞尔召开了。爱因斯坦卷土重来,向不确定性原理发起挑战,第二次华山论剑谁胜谁负呢?

会上,爱因斯坦抛出一个思想实验。想象一个箱子,上面有一个小孔,并有一道可以控制其开闭的快门,箱子里面有若干个光子。假设快门可以控制得足够好,它每次打开的时间是如此之短,以致每次只允许一个光子从箱子里面飞到外面。因为时间极短,Δt 是足够小的。那么现在箱子里少了一个光子,它轻了那么一点点,这可以用一个理想的弹簧秤测量出来。假如轻了 Δm 吧,那么就是说飞出去的光子重 m,根据相对论的质能方程 $E=mc^2$,可以精确地算出箱子内部减少的能量 ΔE。

由于时间测量由钟表完成,光子能量测量由箱子的质量变化得出,所以二者是相互独立的,测量精度不应该相互制约,所以 ΔE 和 Δt 都很确定,海森堡的公式 $\Delta E \Delta t > h$ 也就不成立。那么,整个量子论是错误的!

这可以说是爱因斯坦凝聚了毕生功夫的一击,其中还包含他的成名绝技相对论。玻尔惊呆了,一整天都闷闷不乐。他说,假如爱因斯坦是对的,物理学的末日就到了。经过彻夜思考,他终于在爱因斯坦的推论中找到了一处破绽。

第二天,玻尔在黑板上对光箱实验(见图 7.2)进行了理论推导。他指出:一个光子跑了,箱子轻了 Δm。我们怎么测量这个 Δm 呢?用一个弹簧秤,设置一个零点,然后看箱子位移了多少。假设位移为 Δq 吧,这样箱子就在引力场中移动了 Δq 的距离,但根据广义相对论的红移效应,这样的话时间的快慢也要随之改变相应的 Δt。可以根据公式计算出:$\Delta t > h/\Delta mc^2$。再代以质能公式 $\Delta E = \Delta mc^2$,则得到最终的结果,这结果是如此眼熟:$\Delta t \Delta E > h$,正是海森堡测不准关系!

在这里,关键是爱因斯坦忽略了广义相对论的红移效应!

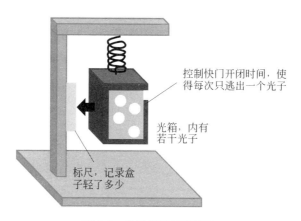

控制快门开闭时间，使
得每次只逃出一个光子

光箱，内有
若干光子

标尺，记录盒
子轻了多少

图 7.2　爱因斯坦光箱实验

引力场可以使原子频率变低，等效于时间变慢。当我们测量
一个很准确的 Δm 时，我们在很大程度上改变了箱子里的时
钟，造成了一个很大的不确定的 Δt。也就是说，在爱因斯坦
的装置里，假如我们准确地测量 Δm，或者 ΔE 时，我们就根本
没法控制光子逃出的时间 t！

　　爱因斯坦的光箱实验非但没有击倒量子论，反而成了它
最好的证明，给它的光辉又添上了浓重的一笔。

　　爱因斯坦对玻尔的华山论战虽然两战两败，但爱因斯坦
认为量子论即使不能说是错吧，至少是"不完备的"，它不可能
代表深层次的规律，由概率主导的量子论不过是一种理论上
的过渡，而并非自然本身是不确定的。不久，爱因斯坦又要提
出一个新的思想实验，作为对量子论完备性的考验。

　　1933 年 1 月希特勒上台,爱因斯坦离开了德国,漂洋过海,到美国普林斯顿大学任职。爱因斯坦没有出席第七届索尔维会议,但他并没有放弃对哥本哈根派的反击。1935 年 5 月,爱因斯坦(Einstein)和他的两个同事波尔斯基(Podolsky)及罗森(Rosen)三人(EPR)在《物理评论》杂志上发表了《量子力学对物理实在的描述可能是完备的吗?》一文,以质疑量子论的完备性。

　　在 EPR 文章中,爱因斯坦设想了一个涉及两个粒子的思想实验。在实验中,两个粒子经过短暂的相互作用后分离开,这一相互作用产生了两个粒子之间的位置关联和动量关联。然后爱因斯坦论证道,由于通过对粒子 1 的位置测量可以知道粒子 2 的位置,而根据相对论的定域性假设,这一测量不会立即影响粒子 2 的状态,从而粒子 2 的位置在测量之前是确定的,同理,粒子 2 的动量在测量之前也是确定的。于是粒子 2 的位置和动量在测量之前都具有确定的值,而一个完备的理论应当同时给出粒子 2 在测量之前的位置值和动量值,但量子力学只能给出关于这些值的统计信息。因此,量子力学是不完备的。薛定谔后来把两个粒子的这种状态命名为纠缠态。

　　EPR 文章发表后,在物理界立刻引起很大的反响。同时也引起玻尔的关注和不安,经过三个月的艰苦工作,玻尔于同年 10 月在《物理评论》上发表了一篇与 EPR 同名的文章,以反驳爱因斯坦等人的观点。玻尔既不同意爱因斯坦关于物理实在性的朴实看法,也不赞同爱因斯坦的定域性假设。他认为:物理系统在测量之前没有确定的属性,但当我们观测之后,波函数坍缩,粒子随机地取一个确定值出现在我们面前。然而,玻尔的反驳是无力的,爱因斯坦根本不相信玻尔所宣扬的"一个物理量只有当它被测量之后才是实在的"观点。他回敬道:"难道月亮只有在我看它时才存在吗?"显然,这样的争论是不会出结果的,只有用实验来说话才是最有力的。可惜粒子纠缠态实验太难做了,爱因斯坦和玻尔都没有在有生之年看到它,真是物理学界的一大憾事。

直到 1964 年,贝尔出现了!他提出一个强有力的数学公式,人们称之为贝尔不等式。有了这个不等式,物理学家就可以检验,大自然是根据哥本哈根预言的"幽灵般的超距作用"运作呢?还是根据爱因斯坦坚持的定域实在论运行?量子世界究竟符合哪一种描述。裁判的结果表明,在微观世界定域实在性并不成立,而"幽灵般的超距作用"是存在的,爱因斯坦错了,玻尔是对的。至此,我们终于可以为量子论正统观点洗白!

爱因斯坦对哥本哈根的解释提出了很多反对意见,然而他反对的并不是因为它颠覆了经典物理学,爱因斯坦本身就是一位颠覆者,正是爱因斯坦葬送了经典力学在宏观低速领域的统治地位,创建了相对论。爱因斯坦真正反对哥本哈根解释的原因是:这种解释触犯了他虔诚地信仰决定性因果律这条不可动摇的底线。爱因斯坦认为一个没有严格因果律的物理世界是不可想象的。物理定律应该统治一切,物理学应该简单明确:A 导致了 B,B 导致了 C,C 导致了 D,环环相扣。每一个事件都有来龙去脉、原因结果,而不依赖于什么"概率性"。1924 年 4 月 29 日,爱因斯坦致玻恩的信中说:"我决不愿意被迫放弃严格的因果性,而对它不进行比我迄今所进行过的更强有力的保卫。我觉得完全不能容忍这样的想法,即认为电子受到辐射的照射后,不仅它的跳跃时刻,而且它的方向,都由它自己的自由意志去选择。在那种情况下,我宁愿做一个补鞋匠,或者做一个赌场里的雇员,而不愿做一个物理学家。固然,我要给量子以明确形式的尝试再次失效了,但是我决不放弃希望。即使永远行不通,总还有那样的安慰:这种不成功完全是属于我的。"

玻尔等人正是通过分析爱因斯坦的反对意见才进一步完善了他们关于量子论的正统观点。同时,爱因斯坦对哥本哈根解释的批评也一直在激励后人去发展更完备的量子理论。

爱因斯坦于 1905 年创立了狭义相对论,于 1915 年建立了广义相对论。然而,他一生的大部分时间都在思索量子的

图 7.3　玻尔和爱因斯坦

神秘本质,并试图建立一种更完备的量子理论。爱因斯坦晚年承认,"整整 50 年有意识的思考仍没有使我更接近'光量子是什么'这个问题的答案。"面对量子论的正统观点爱因斯坦是反对者,然而他也许比任何人都更牵挂量子的前途和命运。今天,人们没有理由认为量子力学的现在形式是最后的形式而停止前进的步伐,量子论的路仍然没有走完,还有无数未知的秘密有待发掘,而我们的探索也永远没有终点。

　　爱因斯坦同玻尔之间的论战,从 1920 年开始到 1955 年爱因斯坦去世,持续了 35 年,堪称一场"关于物理灵魂的论战"。由于两位 20 世纪的科学巨人在哲学观点上的不同,使得他们之间的分歧直到最后也没有调和。但是,玻尔和爱因斯坦无论怎样争论,双方都襟怀坦荡、互相敬仰,结成了亲密的朋友。爱因斯坦称赞玻尔说:"他无疑是当代科学领域中最伟大的发现者之一。"玻尔则说:"在征服浩瀚的量子现象的斗争中,爱因斯坦是一位伟大的先驱者,但后来他却远而疑之,这是一个多么令我们伤心的悲剧啊。从此他在孤独中摸索前进,而我们则失去了一位领袖和旗手。"非常令人感动的是1962年11月18日玻尔去世前夕,他的工作室黑板上还画着一个1930年与爱因斯坦争论时,爱因斯坦设计的"光子箱"草图。此时,爱因斯坦已去世七年,玻尔仍以这次争论激励自己,力求从爱因斯坦那儿得到更多灵感和启迪。

爱因斯坦的秘书海伦·杜卡斯这样说:"尽管他们不经常见面,也不经常通信,但他们相互钦佩!"

"他们热烈地深爱着彼此。"

为什么量子力学
颠覆了人类认知

　　恩格斯说："一个民族要站在科学的高峰,就一刻也不能没有理论思维。"实际上现代物理学许多新的发现都是有赖于思维方法的不断突破。传统思维为什么错? 原因是大家都只凭日常生活经验去认识事物。例如,人用手推车,便会得出"运动(速度)是靠外力来维持的,力大则速度大"的错误观念。直到伽利略才弄清楚"维持速度不需要力,产生加速度才与力有关系。"从"速度"到"加速度",纠正一字之错,前后竟经过几个世纪的历史跨度,可见发现真理之难。后来,牛顿在伽利略的基础上进一步发现力学规律,他把复杂的文字描述换成了"$F=ma$"的准确公式,这就是大名鼎鼎的运动基本定律。库柏说:"这个方程包含了牛顿理论的全部深刻涵义。"牛顿的伟大功绩在于:他把地上和天上的物体运动规律统一起来,形成了一个完整的力学体系。但是，当物体的运动速率很高时(接近光速)，当所描述的体系很小时(微观体系)，当所描述的物质系统很大时(引力很强)，牛顿的万有引力定律、运动定律和牛顿的时空观就不完全正确了，将要由新的理论代替。

历史进入 20 世纪，物理学两大支柱的相对论和量子论相继问世，给人类带来更深层次的思维革命。相对论研究的对象是高速运动物体，粒子轨道还是很明确的；而量子论研究的对象是微观粒子，它们的运动呈现"波粒二象性"，没有轨道的概念，只能用一种看不见的"波函数"作为概率性描述。人们感到相对论尽管奇妙，却不神秘；而量子论不但奇妙，而且神秘得使人难以理解。例如，著名物理学家费曼于 1964 年在美国康奈尔大学演讲时说："曾经有一个时期报纸上说只有 12 个人懂得相对论。我不相信真有那样的时候，可能有一个时间只有一个人懂，因为在他写文章之前只有他一个人明白了。但是当人们读了他的文章后，有许多人在各种程度上懂得了相对论，肯定超过 12 个人。不过在另一方面，我想我可以相当把握地说，没有人真正懂得量子力学。"他的忠告确实非常重要。量子力学作为一门科学，一方面应当说清楚微观世界"是什么"，另一方面应当解释微观世界"为什么是这样"。但是恰恰相反，量子力学创立以来，物理学家对量子力学所描述的微观世界"是什么"了解得越多，关于"如何解释"的困惑也就越多。如果学习量子力学没有困惑,那只有一种可能,就是连量子力学所描述的微观现象"是什么"都还没有真正了解,也就是说,没有真正懂得量子力学。所以,学习量子力学首先应当关注量子力学"是什么",而不要过早纠缠在"为什么"上面。在正确理解量子力学"是什么"之后,再鼓励大家进一步探索量子力学的奥秘。

量子力学创立于 1925 年,一直到 20 世纪末,情况才发生根本变化,一系列新的实验终于使我们看到了曙光,原来量子力学颠覆了经典物理世界的基本法则,更加深刻地揭示了人类认识大自然的基本道理。

8.1 牛顿时代

17 世纪中叶,人们对自然现象和规律的认识仍然是支离破碎的,偏重于对自然万物作定性的讨论,此时需要一个天才式的人物来对已有认识进行归纳、总结和发展,以形成一套严谨的物体宏观运动规律的理论体系。上帝说:"让牛顿去做吧!"

1687 年,一部科学史上划时代的巨著《自然哲学的数学原理》问世,牛顿发表了他开创性的研究成果:万有引力定律和经典力学三大定律,这标志着经典力学大厦的落成。通过三大运动定律建立了一个严格而自洽的力学体系,把天地万物的运动规律概括在一个严密的统一理论中。这是人类认识自然的第一次理论大综合,也是人类智慧至高无上的体现。从此,开辟了科学史上的牛顿时代。

凡是涉及统一意义的理论都是相当伟大的成就:牛顿统一了天上星星的力和地上苹果的力;麦克斯韦把自然界三种神奇的东西:电、磁和光统一起来了;爱因斯坦统一了流逝着的时间和物体存在的空间;德布罗意用物质波将经典力学中不相容的一对概念——粒子和波统一起来。当代科学家试图实现相对论与量子论之间的结合,将宇宙中四种各自为政、互不管辖的作用力:引力、电磁力、强核力、弱核力统一起来,这就是所谓的"大统一理论"以及由此发展出来的多个变种,不过它们还在漫漫的征途上,人们还不知道什么时候能够达到这个目标。

虽然岁月已过去数百年,但我们依然生活在牛顿所揭示的物理世界里。牛顿体系取得了巨大的成功,闪耀着神圣不可侵犯的光辉,并因此导致决定论的形成,认为自然万物都是由物理定律所规定下来的,不论所研究的对象有什么尺度,大至行星、恒星,小至分子、原子,都遵循同一个定律,一切运动都可以通过经典力学来预言。正如玻尔所说:"牛顿力学在如下意义上是决定论的。如果准确地给定系统的初始状态

（全部粒子的位置和速度），则任一其他时刻的状态都可由力学定律算出。一切其他的物理学都是按照这种式样建立起来的。机械决定论逐渐成为一种信条——宇宙像是一部机器，一部自动机。就我所知，在古代和中古时代的哲学中，并无这种观念的先例；它是牛顿力学巨大成就的产物，特别是天文学中巨大成就的产物。在 19 世纪，它成了整个精确科学的基本哲学原则。"

8.2　爱因斯坦时空

爱因斯坦在牛顿诞生 300 周年纪念会上说："牛顿啊！请原谅我。你所发现的道路，在你所处的那个时代，是一位具有最高思维能力和创造力的人所能发现的唯一道路。你所创造的概念，甚至今天仍然指导着我们的物理思想，虽然我们现在知道，如果要更加深入地了解各种联系，那就必须用另外一些离直接经验领域较远的概念来代替这些概念。"

试问，爱因斯坦在哪些方面为物理学研究提出了新的概念，开辟了新的道路？牛顿说时间、空间是绝对的。爱因斯坦说时间和空间是相对的、可变的，在高速运动状态下，尺子会缩短，时间会变慢，物体质量会增加，物体的质量与能量会转化。

首先,爱因斯坦经过 10 年的思考和研究,终于认识到牛顿力学中关于绝对空间和绝对时间的观念是没有根据的。他谆谆告诫说:我们不要去讨论什么绝对空间、绝对时间或绝对运动,而应该去研究相对空间、相对时间或相对运动。这就是说,两个相互以速度 v 运动的惯性系 S 和 S' 中的观察者都分别有自己的尺和钟,分别记录一个"事件"在 S 系的空间—时间坐标 (x, t) 与 S' 系的相应坐标 (x', t'),我们只需要关心 (x, t) 和 (x', t') 之间的关系,而它们之间的变换关系一定是相对的。爱因斯坦让人类重新审视空间与时间。他认为,运动会改变周围的时间和空间,并且时间和空间并非是分立的两个物理量,而是应该被统一起来的,所以应该叫做时空。而我们人类就是生活在四维时空中。

狭义相对论的胜利,证明爱因斯坦思想方法的高明,我们要从中"举一反三",推广出一条认识事物的新思路:任何一种事物,都只有在相对于其他事物的运动和变化中才能被认识,当脱离它的对应物而孤立地存在着的时候,势必成为神秘而不可理解的东西。

其次,相对论否定了牛顿力学中物体质量是绝对不变的观点。宏观物体在低速运动的情况下,物体的质量可视为不变;而当物体的运动速度可与光速相比拟时,物体的质量不再是常量,而是随着运动而发生变化的。即当物体高速运动的时候,其质量会随物体运动速度的提高而增加,这就是爱因斯坦新的质量观。

最后,相对论否定了牛顿力学中质量与能量互不相关的思想。牛顿力学认为质量与能量是两个意义完全不同的物理量,彼此之间互不相关;而相对论则认为质量与能量之间有着密切的关系,质能方程($E=mc^2$)便是很好的体现。

相对论对牛顿力学的突破,为人类树立了新的时空观、物质观和运动观。这一理论被后人誉为 20 世纪人类思想史上最伟大的成就之一。这是一场从根本上改变物理面貌的科学革命。

相对论虽然取得了巨大成功,但在哲学方面,爱因斯坦却再一次,尽管是最后一次巩固了牛顿力学的因果决定论。也就是说,无论自然现象还是人的思维都被包罗万象的因果关系所决定。昨天种种,是今天种种的原因,明天种种又是今天种种的结果。宇宙每一种事物之所以出现,之所以按这种方式出现,而不按另一种方式出现,是因为宇宙本身不过是一条原因和结果的无穷的锁链。无论是经典力学的创始人,还是相对论的发现者,他们深信宇宙的一切,都是在决定论的监视下一丝不苟地运行的。

8.3　量子世界

20 世纪量子的发现,宣告了量子力学的正式创立,对经典力学提出了挑战。

8.3.1　研究对象不同

牛顿力学将研究对象抽象为质点,质点只具有粒子性,没有波动性。质点的状态用位置(或坐标)和动量(或速度)来描述。量子力学研究的对象是亚原子的微观粒子(如光子、电子),它具有波粒二象性,粒子的位置和动量不能同时确定,因而质点状态的描述方式不适用对微观粒子的描述。在量子力学中,粒子的运动状态用一个神秘的波函数来描述。一般讲,波函数是位置 x 和时间 t 的复函数 $\psi(x,t)$,它的绝对值的平方 $|\psi(x,t)|^2$ 对应微观粒子在某处出现的概率密度。波函数概念的形成正是量子力学完全摆脱经典的观念,走向成熟的标志。

8.3.2　对自然本性的认识不同

经典力学认为物体的运动是连续的,物体性质的变化是连续的,时间和空间也是连续的。连续性所主宰的世界是我们熟悉的，可以直接感知的宏观世界，生活在这样一个世界，我们心里很踏实。1900 年，普朗克发现量子，我们才认识到自然的一种本性——分立性或非连续性，从而打破了自然过程都是连续的经典定论。原来自然是不连续的，它可能更像一片沙滩，远看是连在一起的，走近才发现它是由一粒粒的细沙构成的。

量子革命使得越来越多的人认识到，时空不可能无限分割下去，"无限分割"的概念只是一种数学上的理想，而不可能在现实中实现。一切都是不连续的，连续性的美好蓝图，也许不过是我们的一种想象。

8.3.3　描述世界的物理法则不同

牛顿力学和相对论一样，它们都是用确定性方法（或决定论）描述宏观世界，在这里一切事物的运动、变化都遵循必然性的规律，必然性强调的是确定性、不可动摇、不可更改的方面，人们必须遵守，必须服从，没有商量的余地。这种理论限制了人的创造思维，并阻止了一切革新。量子理论用统计方法描述微观世界，在这里，一切瞬息万变的微观态只能给出一个可能、概率的结果。这种理论强调不确定性、多可能性和自由性。自然界应该是开放的，未来不再由过去和现在决定。量子论使人们从决定论的枷锁中解放出来，重新获得了创造性。以上是两种思想观念、基本精神完全不同的描述方法。

8.3.4 测量方法不同

物理学是关于测量的科学。假如一个物理概念是无法测量的，它就是没有意义的。所以没有测量，就没有物理学。测量是人们用自己的感官或借助仪器对客观事物进行一种有目的、有计划的活动，如图 8.1 所示。在量子论形成之前，测量的概念并没有引起人们的重视。量子论建立之后，测量问题受到广泛关注。

图 8.1　测量过程示意图

测量，在经典物理中，这不是一个需要特别考虑的问题。我们不会认为测量过程跟其他过程服从不同的物理规律。无论你测量或不测量某个物体，它都具有某些确定的性质。例如测量一块金属的重量，我们用天平，用弹簧秤或用电子秤来秤，理论上是没有什么区别的。在经典物理看来，金属是处在一个绝对的、客观的外部世界中，而我们——观测者——对这个世界是没有影响的，至少，这种影响是微小得可以忽略不计的。你测得的数据是多少，金属的"客观重量"就是多少。但是量子世界就不同了，因为我们测量的对象是如此微小，以致我们的介入会对其产生致命的干预。我们本身的扰动使得测量充满了不确定性，从原则上讲无论采用什么手段都是无法克服的。

我们要时刻注意，在量子论中观测者是和外部世界结合在一起的，它们之间现在已经没有明确的分界线，已融合成为一个整体。我们和观测物相互影响，使得测量行为成为一种难以把握的手段。在量子世界，对于一些测量手段来说，电子呈现出一个准确的动量 p，对于另一些测量手段来说，电子呈现出准确的位置 q。我们能够测量得到的电子才是唯一的实在，没有一个脱离于观测而存在的"客观"的、"绝对"的电子。测量行为创造了整个世界，测量是量子力学的核心问题，测量也是量子力学争论最多的问题。

综上所述，我们得到这样一个启示：科学的进步离不开对旧知识体系的突破。关于物体运动现象，从亚里士多德到伽利略都进行了研究，到了牛顿那里，他把复杂的问题描述换成"$F = ma$"的准确定义，即牛顿的运动第二定律，说明作用力 F 和加速度 a 成正比，其中加速度 $a = v/t$，速度 $v = s/t$（S 为作用距离），方程式中的时间 t 都是不变的。在外物的速度为一般（低速）情况下，牛顿理论是正确的，这是经过无数次实验得到证实的。但在外物以极快速度（接近光速）运动时，时间将会发生变化，情况就会有所不同。所以，牛顿力学只适用于宏观低速运动的物体。到了爱因斯坦那里,对时间和空间的概念进行了革命性变革,创立了相对论,解决了物体高速运动的问题;再到普朗克、玻尔等科学家那里,他们对世界的连续性和确定性概念进行了颠覆性变革,创立了量子论,解决了微观亚原子条件下的问题。从牛顿理论到相对论再到量子论,这一座座指引着人类发展方向的里程碑,表明人类对世界的认识和思考从来没有停止过,也不可能停止。

8.4 量子思维

科学革命实质是科学思维与科学方法的变革。在 21 世纪的信息文明时代,人类的思维方式将要发生一次根本性变化,从牛顿思维方式转变为量子思维方式,以适应新时代的需要。

8.4.1 从简单性到多样性

经典力学一直在简单性原则的指导下,努力探索物质构成的简单性,运动规律的简单性,把异常复杂的机器分解成各种简单机器的重复。量子力学认为世界是"复数"的,存在多样性、多种选择。在我们决定之前,选择是无限的、变化的,直到我们最终做出了选择,其他所有的可能性崩塌。同时,这个选择为我们下一次选择又提供了无穷多的选项。

正如我们在对量子系统进行测量之前,系统的波函数处于叠加态,测量造成波函数的坍缩,得到了一个物理量的确定值,同时又生成了新的波函数,这个新的波函数又成为下一过程的初始波函数,它又处于新的叠加态。在这个意义上,对未来而言,测量将建立一个新的波函数,它反映了粒子又有多条可能的路径,提供了多种选择。

8.4.2　从连续性到非连续性

自从牛顿用数学规则(微分方程)驯服了大自然之后,一切自然的过程就都被当成是连续不间断的,这个观念深深地植入人们的内心深处,显得天经地义一般。

1900 年,普朗克提出了能量量子化假设,这是一个划时代的发现,打破了自然过程连续性的经典论定论,但当时没有人愿意接受这个假设。然而,刚从大学毕业年仅 21 岁的爱因斯坦,对于新生"量子婴儿"表现出热情支持的态度。1904年,爱因斯坦给出了一个探索性假设:光也是由能量子(光子)组成的。8 年后,来自哥本哈根大学 26 岁的博士玻尔,在原子结构中引入量子化的概念,他认为,原子周围的电子只能处于分立的能量态,电子唯一的运动只能在分立的能量态之间跃迁。正是这三位先驱者突破了传统思维的禁锢,让量子登上科学舞台,从此开始了人类研究非连续性力学——量子力学的历史。

我们可以更深入地来看这个问题。在工业文明时代,人类面对的是物质性很强的对象,如土地、矿产、钢铁、机器等。这个时代的特征是事物的发展是一个不断积累、循序渐进的过程;事物发展的前景是可以预测的。经典物理和牛顿思维比较适应这个时代的实践,并取得了足以令人自豪的成就。信息文明时代,人类面对的是"信息""知识"等物质性极弱的对象,它们的最大特征是波动、跳跃、速度变化快和不可预测。对于这种非渐进的和非连续变化的事物就要用量子思维方式来看待。

8.4.3 从观察者到参与者

牛顿力学和相对论中,世界是绝对客观存在的,人只是一个观察者,真实世界的运行规律不会因为人的观测而改变。就像宇宙是一个永远走动的大钟,在任何情况下,它的速率始终都是相同的,人只是宇宙的一部分,必须遵从这个规律。

量子论认为,不存在一个客观的、绝对的世界。唯一存在的就是我们能够观测的世界。在量子论中观测者和外部世界是结合在一起的,它们之间没有明确的分界线,是天人合一的,融合成为一个整体。

量子力学中,量子的状态因为观测而变化。例如,电子具有波粒二象性,当它不被观测时,电子以波的形式存在;它被观测时,会以粒子形式存在。电子可以展现出粒子的一面,也可以展现出波的一面,这完全取决于我们如何去观测它。换言之,事实上不存在一个纯粹的客观世界,任何事物只有结合一个特定的观测手段才谈得上具体意义。被研究对象所表现出的形态,很大程度上取决于我们的观察方法。对同一个对象来说,这些表现形态可能是相互排斥的,但又必须同时用于这个对象的描述中,也就是互补原理。

人从观察者变成参与者,物理学的全部意义,不仅在于研究世界运行的客观规律,还在于研究人与世界的互动方式。

8.4.4 从因果关系到测不准关系

在经典物理中,因果关系被描述为:"对于一个给定系统,如果在某时所有数据已知,那么也就有可能无歧义地预测系统在未来的物理行为。"也就是说,从系统的一组初值可以推导出一条确定的轨道,它一举决定了系统的过去和未来,使得人们可以准确地预言系统的未来。在因果关系看来,事物都有一个使它发生的原因,若没有原因什么事情也不会发生,而相同的原因总会产生相同的结果。

但是,在量子力学中由于存在测不准关系,世界本质是随

机性的,当我们说某个事件出现时,我们并不知道这个事件的
"原因"是什么,它是一个完全随机的过程,没有因果关系。完
全相同的操作可能带来截然不同的结果。

我们知道,当派遣一个光子去探测电子的位置时,光子的
波必然给电子造成强烈的扰动,让它改变速度。光子波长越
短,它的频率就越高,而频率越高的话能量也相应越强,因为
$E=h\nu$,这样给电子的扰动就越厉害。所以,为了测量电子的
位置,我们剧烈地改变了它的速度,也就是动量。这就意味着
电子的位置与动量不可能同时准确地测量,二者之间存在测
不准关系。这就告诉我们:量子世界变得非常奇妙,各种物
理量都遵循着海森堡的测不准关系(或不确定原理),不存在
严格的因果关系。

读者也许会问:又是不确定又是没有因果关系,这个世
界不是乱套了吗? 然而事情并没有想象的那么坏,虽然我们
对单个粒子(如电子)的行为只能预测其概率,但当样本数量
变得非常大时,概率统计就很有用了。我们没法知道一个电
子在屏幕上出现在什么位置,但我们很有把握,当数以亿计的
电子穿过双缝,它们会形成干涉图像。这就好比保险公司没
法预测一个客户在什么时候死去,但它对一个城市的总死亡
率是清楚的。

传统观念在人们思想中是根深蒂固的,连爱因斯坦这样

伟大的科学家也坚决反对统计描述方法。他认为,采用统计方法是量子理论不完备的表现。然而,传统观念的严格因果关系在量子世界中是不存在的,必须以一种统计性的解释来取而代之,波函数 ψ 就是一种统计。电磁理论创始人麦克斯韦说:"这个世界的真正逻辑是概率计算"。德国科学哲学家赖兴巴哈更加尖锐地指出:"我们没有权利把严格因果性推广到微观领域里去。我们没有理由假设分子是由严格规律所控制的,一个分子从同一个出发情况开始,后来可以进入各种不同的未来情况,即使拉普拉斯这样的超人也不能预言分子的路径。"只有有了不确定性、非因果性,人们才不会被限制在固定的模式中,才为自由创造打开了大门。

8.4.5　从还原论到系统论

牛顿力学和相对论中,认为整体等于部分之和,任何事物都可以不断拆分到最小颗粒。世界就像一台大机器,由众多零件组成,可以不断拆分。还原论的核心理念在于"世界是由个体(部分)构成的。"认为部分清楚了整体也就清楚了。如果部分还不清楚,再继续分解下去,直到弄清楚为止。人们在日常工作中,遇到复杂的任务要拆成子任务;企业组织管理要拆成若干职能部门甚至班组;生产环节使用流水线,每个工位只负责一个环节。诸如此类,依附于还原论的现象非常普遍,也确实发挥了积极作用。但是还原论忽略了个体差异和人的主观能动性。

量子力学中,由于存在量子纠缠现象,可分割性被打破了。发生纠缠的量子不可以单独描述,因为一个量子状态发生变化后,其他量子的状也会随之改变。量子世界是一个复杂系统,众多要素相互作用和相互联系,从而影响系统。系统产生并决定了部分,同时部分也包含系统的信息并影响系统,这就是系统论的核心思维。

还原论和系统论是两种截然不同的思维方式,前者强调自下而上,后者更强调自上而下。

从神学、牛顿力学、相对论到量子论,科学思维一次次被迭代刷新,这表明人类的认识过程是有方向性的,这种方向性使科学按照由简单向复杂、由低级向高级、由宏观向微观的顺序展开,并且都是以人为中心向纵深延伸的,一直伸向无穷远处。

8.5　量子创新

8.5.1　量子力学发现时空是分立的,必须在非连续时空中讨论粒子运动

经典力学认为世界本质是连续的,人们一直在连续时空

中讨论粒子的运动。但是,时间和空间究竟是连续的,还是分立的呢? 量子论告诉我们,时空是分立的,其最小单位为普朗克时间和普朗克长度。

那么分立的时空意味着什么呢? 它将意味着只有在最小时空单元或普朗克尺度之上的时间和空间概念才有物理意义。相应地,定义于时间和空间之中的一切物质运动也才有物理意义。同时,分立的时空也意味着我们所能测量到的最小长度将是普朗克长度 10^{-35} 米,而我们所能测量到的最短时间间隔将是普朗克时间 10^{-43} 秒。

因此,对于任何物质粒子,它于普朗克尺度下的存在状态是没有意义的。于是,粒子的存在状态只能是粒子在一个时间单元内处于一个空间区域中。

现在,我们必须在分立时空中重新考察粒子的运动。

在分立时空中,时间将被时间单元所取代,同样,空间点也将被空间单元所取代。于是,粒子的非连续运动将成为一种分立的跳跃运动,它的运动图像为:粒子于一个时间单元停留在空间某个位置附近的一个空间单元内,然后在下一个时间单元出现在另一个位置附近的一个空间单元内;而在较长的一段时间内,粒子的运动表现将像云一样遍及整个空间,我们可以将这种云称为粒子云。

量子力学将粒子在分立时空中的这种非连续的跳跃运动

叫作量子运动。量子运动同时包含扩散过程和聚集过程，前者使粒子具有某种"侵略性"，粒子云随时间向更大的空间区域散开；后者使粒子具有某种"和平性"，粒子云表现出向局部区域随机聚集的趋势。可以预计，量子运动的这两种秉性——扩散与聚集将从根本上决定它的运动规律。

　　量子运动的扩散性质，以及它所形成的粒子云的扩散行为很容易让我们想起经典波（如水波）的行为，如池塘里的一列波在传播过程中不断扩散。正是这种似波性导致了一个粒子可以同时通过双缝，从而当大量粒子独立通过双缝后会产生出似波的干涉图像。当然，我们必须注意，"量子似波"只是一种形象化的描述，它们在本质上是不同的，如经典波的传播需要介质，而量子运动的似波表现只是单个粒子的行为。

　　量子运动的扩散规律将与波的传播规律相类似。我们通过一定的数学分析发现，量子运动所形成的粒子云可以用一个波函数来描述，并将它标记为今天很流行一个符号 ψ。波函数 ψ 并不复杂，其幅度的平方 $|\psi|^2$ 正好是粒子云的密度；同时，粒子云的扩散行为也遵循一种波动方程。这个方程于1926年被奥地利科学家薛定谔所创立。至此，在我们探索量子的道路上，最重要的神秘"人物"已经出场，这就是大名鼎鼎的薛定谔波动方程及其波函数，它们包含了量子运动最深刻、最精致的描述。普朗克评价薛定谔方程奠定了现代量子力学

的基础；玻尔则认为波动方程是这一时期登峰造极的事件。

8.5.2　量子力学第一次把概率概念引进物理学中，概率主宰着宇宙万物

　　科学从牛顿和拉普拉斯的时代走来，光辉的成就让人们深信它具有预测一切的能力。决定论认为，万事万物都已经由物理定律规定下来，连一个细节都不能更改。过去和未来都像已经写好的剧本，宇宙的发展只能严格地按照这个剧本进行，无法跳出这个窠臼。

　　但是，决定论在 20 世纪遭到量子论的严重挑战。1927年玻恩提出了波函数的统计解释。他认为，概率才是薛定谔波函数 ψ 的解释，它代表的是一种随机，一种概率，而绝不是薛定谔本人所理解的，是电子电荷在空间的实际分布。玻恩更准确地说，ψ 的平方代表了电子在某个地点出现的概率。电子本身不会像波那样扩展开去，但它的出现概率则像一个波，严格地按照 ψ 的分布所展开。电子的双缝干涉实验便是最好的证明。事实上，对于一个电子将会出现在屏幕上什么地方，我们是一点头绪都没有的。多次重复我们的实验，它有时出现在这里，有时出现在那里，完全不是一个确定的过程。过去，人们认为物理学统治整个宇宙，它的过去和未来，一切都尽在掌握。这已经成为物理学家心中深深的信仰。现在，

量子论告诉我们,物理学不能确定粒子的行为,只能预言粒子出现的概率而已。无论如何,我们也没有办法确定粒子究竟会出现在什么地方,我们只能猜想,粒子有 90％的可能出现在这里,10％的可能出现在那里。但究竟出现在哪里,我们是无法确定的,只能由不确定的概率才能确定。概率? 不确定? 竟然主宰粒子的命运,这难道不是对整个物理学的挑战吗?

　　诚然,有时候为了方便,我们也会引进一些统计方法,比如处理大量的空气分子运动时,但那是完全不同的一个问题。物理学家为了处理一些复杂计算,也会应用统计的捷径。但是从理论上来说,只要我们了解每一个分子的状态,我们完全可以严格地推算出整个系统的行为,分毫不爽。然而量子力学不是这样的,就算我们把分子的初始状态测量得精确无比,就算我们拥有强大的计算能力,我们也不能预言分子最后的准确位置。这种不确定不是因为我们的计算能力不足而引起的,它是深藏在大自然自身的一种属性。

　　总之,量子力学认为,对于一个微观现象,我们不能确切地预言它的结果,只能给出出现某种结果的概率,而不作决定论的断言。在这里,概率的提出并不是因为观察者的无知,或者理论本身的无能所导致的,而必须看作是大自然的一种本性;同时,人们也因此无法预测比概率更多的东西,并且当理论可以预测这些概率时,它就应当被看作是完备的。这是一个极不寻常的理论创新,它向人们展示一个非因果、非决定论的量子世界,在这个世界中概率是本质的基本规律。

1986 年,著名的流体力学权威詹姆士·莱特希尔(James Letterhill)爵士在英国皇家学会纪念牛顿《自然哲学的数学原理》发表三百周年的集会上做出了轰动一时的道歉:"现在我们都深深意识到,我们的前辈对牛顿力学的惊人成就是那样崇拜,这使他们把它总结成一个可预言的系统。而且说实话,我们在 1960 年以前也大都倾向于相信这个说法,但现在我们知道这是错误的。我们以前曾经误导了公众,向他们宣传说牛顿运动定律的系统是决定论的。但是这在 1960 年后已被证明不是真的。我们都愿意在此向公众表示道歉。"这意味着 20 世纪 20 年代量子力学以及随后的混沌动力学的兴起,动摇了延绵几百年的经典力学根基,标志着一个新时代的到来。

8.5.3 量子力学用一个不可观察的波函数来描述粒子状态,量子的所有秘密都浓缩在波函数中

在经典物理中,一般认为,自然界存在两种不同的物质。一类物质可以定域于空间一个小区域中的实物粒子,其运动状态可以由位置和动量(或速度)描述,其运动规律遵从牛顿力学原理。另一类物质是弥散于整个空间中的辐射场,如电磁场,其运动状态由电场强度和磁场强度描述,其运动规律遵

从麦克斯韦方程组。

我们知道,物理学的发展总是离不开实验的支持,实验是检验物理理论是否正确的最终根据。物理学家一般认为,只有那些可观察的物理量才是基本的,那些为了数学上的方便而引入、不可观察的量不是基本的物理量,只不过是一种数学工具而已。在牛顿理论中的位置和动量;在电磁理论中的电场强度和磁场强度,它们在实验中都是可以测量的,所以都是可观察的基本物理量。然而,在量子力学中,这种情况发生了根本的改变,描述粒子运动状态的物理量居然是无法观测得到的,它就是波函数。这是一个既陌生又神秘的物理量,它突破了传统思维的束缚。

量子力学是用来探索微观粒子存在、运动与演化的客观规律的。对于经典粒子,依据牛顿第二定律的运动方程 $F = ma$ 来演化,而量子粒子随时间的演化遵循一个连续的波动方程——薛定谔方程:

$$i \frac{h}{2\pi} \frac{\partial \psi}{\partial t} = H \psi$$

式中,i 为虚数符号,h 为普朗克常数,ψ 为波函数,H 为哈密顿算符。

由于波函数是复函数,它不是经典波(水波、声波、电磁波),我们在实验中是无法观察波函数本身的。由薛定谔方程

可以解得一个自由粒子的运动,它可用波函数来描述:

$$\psi(x,t)=\exp\left[\frac{i}{\hbar}(px-Et)\right]$$

它是一个复数,式中 $p=mv$ 是粒子的动量,$E=p^2/2m$ 是粒子的能量,$\hbar=h/2\pi$。

请读者注意式中的那个虚数单位 $i=\sqrt{-1}$,它在现实世界中不存在对应,表明波函数 ψ 是"不可观察量"。读者会问:式中的 p 和 E 难道不是"可观察量"吗? 回答是"既是又不是"。在测量之前,它们在式中含有 i 的指数里隐藏着,决定了 ψ 看不到,p 和 E 也看不到。但一旦测量时,它们便转化为实际可观察量。这一转化过程是如实现的呢? 量子力学告诉我们,是通过一个动量算符 $\left(\hat{p}=-i\hbar\frac{\partial}{\partial x}\right)$ 作用到 ψ 上把动量 p(或 E)取出来的。例如作用到自由粒子运动的波函数上,通过数学上求偏导数可得

$$-i\hbar\frac{\partial}{\partial x}\psi(x,t)=-i\hbar\lim_{\Delta x\to0}\frac{\psi(x+\Delta(x,t))-\psi(x,t)}{\Delta x}$$
$$=p\psi(x,t)$$

它表明右端的 p 乃是一种转换过程的结果:我们通过测量把原来看不见的 ψ 推一下,即让它在空间"平移"一个小距离 Δx,然后把 ψ 的变化被 Δx 去除一下,可观察的 p 便冒出来了。所以,人们常说:一个经典物理学中的物理量如 p,到了

量子力学中便要化为一个算符 $\hat{p} = -ih\dfrac{\partial}{\partial x}$。所以,有学者认为,量子力学好比是一座大厦,支持这座大厦的两块"基石"是波函数和算符。前者包括了量子运动所形成的全部信息,后者将希尔伯特的算子理论引入量子力学中,把这一物理体系从数学上严格化。

面对神秘的波函数,它的物理意义是什么? 人们曾经为这个谜题所困扰。后来,玻恩首先发现了波函数与经验之间的微妙联系,他认为波函数只是一种存在于数学空间中的概率波,而非真实的波,我们只能通过数学语言与它交谈。波函数绝对值的平方 $|\psi|^2$ 将代表在空间某区域中发现粒子的概率密度。玻恩后来回忆这一发现时说:"爱因斯坦的观念又一次引导了我。他曾经把光波的振幅解释为光子出现的概率密度,从而使粒子和波的二象性成为可以理解的。这个观念马上可以推广到波函数 ψ 上:$|\psi|^2$ 必须是电子(或其他粒子)出现的概率密度。"

波函数的演化遵循两个过程:每当我们一观测时,系统的波函数就坍缩了,按概率跳出来一个实际结果;如果不观测,那它就是按照薛定谔方程严格发展。这是两种迥然不同的演化过程,后者是连续的,在数学上是可逆的、完全确定的,而前者却是一个"坍缩",它随机、不可逆。比如,在电子双缝干涉实验中,每个电子落在屏幕上都是一次波函数坍缩。但是,这两种过程是如何转换的? 又是什么触动了波函数的彻底坍缩,世界终于变成了现实? 这些问题至今仍然是一个难以解释的谜题。

波函数是数学上的抽象概念,而不是一种物理上的存在,因此波函数不受定域性的束缚,它是非定域性的,这个观点与经典物理是格格不入的。在经典力学或日常生活中,人们习惯于"在确定的时间任何物质存在于空间的特定位置"。这个观点反映了现实的真理,还是我们的思维方式受到了限制? 实验表明,在量子力学中,波函数可以有若干分支,分布在空间不同的地方。例如,在量子隧穿效应中,波函数遇到势垒时,分成穿透势垒部分和反射部分。在经典力学中,外部世界的任何物质都是定域的观点在量子力学中被颠覆。

算符是量子力学的重要概念,但算符的使用,导致人们认识量子力学真正意义较为困难,下面用较通俗的语言介绍算符的基本概念,力求避免涉及过多的数学工具。

量子力学具有与经典力学不同的性质,我们需要采用算符来描述微观粒子(体系)的物理量(或称力学量)。从数学看,算符就是作用在一个函数上得到另一个函数的运算符号。例如,若算符 $\hat{F}$ 把函数 u 变为 v,即表示 $\hat{F}u = v$。同理,量子力学中算符表示对波函数的一种运算。如 $\frac{\mathrm{d}}{\mathrm{d}x}\psi(x)$,

$\nabla(x)\psi(x)$,$\psi^*(x)$ 等分别表示对波函数 $\psi(x)$ 求一阶导数,乘以 $\nabla(x)$,取复共轭等运算。

在所有物理量之中,能量是一个特殊的物理量,对应着系统的算符称为哈密顿算符 $i\dfrac{h}{2\pi}\dfrac{\partial}{\partial t}=H$。从算符的角度看,薛定谔方程只是一个简单的恒等式: 左边是算符 $\left(i\dfrac{h}{2\pi}\dfrac{\partial}{\partial t}\right)$ 作用在波函数上,右边等于算符 H 作用于同一个波函数上。

量子力学中采用的算符一般是线性算符,它的一个重要特征是满足线性迭加性质,或者说整体等于部分之和,这是因为量子力学中描述粒子状态的波函数满足线性迭加原理。对于任意两个波函数 ψ_1 和 ψ_2,若算符 $\hat{F}$ 满足下列运算规则

$$\hat{F}(c_1\psi_1+c_2\psi_2)=c_1\hat{F}\psi_1+c_2\hat{F}\psi_2$$

则称 $\hat{F}$ 为线性算符,其中 c_1 和 c_2 是两个任意常数。

在量子力学中,每一个物理量,包括位置、动量和能量等,都需要用一个算符表示,所有物理量的计算都要通过其特定算符完成。算符成为量子力学大厦的一块基石。

如果算符作用于波函数 $\varphi_n(x)$,结果等于 $\varphi_n(x)$ 乘上一个常数 λ,即

$$\hat{F}\varphi_n(x)=\lambda_n\varphi_n(x)$$

这就是算符 $\hat{F}$ 的本征值方程,其中 λ_n 为 $\hat{F}$ 的本征值,$\varphi_n(x)$ 为

属于 λ_n 的本征波函数。对于量子体系的物理量算符 $\hat{F}$ 的每一次测量,总是 $\hat{F}$ 的诸本征值中的一个,且每个本征值以一定的概率出现。算符的诸本征值组成一个无穷维的希尔伯特空间,而现实的物理世界是四维时空。算符给出了无限维空间和现实的四维空间之间的联系。算符成为人们认识无限维空间的一种有效手段。

经典力学的物理量 F 一般可以由位置 r 及动量 p 确定,记为 $F = F(r, p)$,从经典力学的物理量 $F = F(r, p)$ 到量子力学的算符表示 $\hat{F} = \hat{F}(\hat{r}, \hat{p})$,可以看作是玻尔对应原理在算符组成中的体现,因而带有一般性。对应原理指出,在大量子数的极限情况下,量子体系的行为将渐近地趋于与经典力学体系相同。从量子力学的历史形成来看,如果没有经典与量子对应这一步骤,没有经典力学的物理量与量子力学的算符相对应,那么量子力学的建立势必十分艰难。因而,我们认为,从经典力学到量子力学,一个重要的方面是在物理学上引入算符表示法,这实质上是一场物理思想及其哲学思想的革命。

8.5.4 量子力学对一些经典物理量施加了一种应用限制,并提出了全新的物理量,不存在经典对应

在经典力学中一个粒子的位置(或坐标)和动量(或速度)

都是通过实验可以同时精确测定的,所得的值都是实数。在量子力学中,人们不再能同时谈论粒子的位置和速度,因为它们不能以任意精度被同时测定。海森堡说:"粒子的位置测定得越精确,它的动量就知道得越不准确,反之亦然。"泡利给出了一个更通俗的陈述,他说"一个人可以用 p 眼来看世界,也可以用 q 眼来看世界,但是当他睁开双眼,他就会头昏眼花了。"这里,p 表示动量,q 表示位置。

根据海森堡的不确定原理,即使测量仪器是完全精确的,测量结果也会在一定的范围内分布,而且这个分布总会满足不确定性关系:$\Delta p \Delta q \geqslant h / 4\pi$,其中 Δp 和 Δq 分别是测量 p 和测量 q 的误差,h 是普朗克常数。读者不要以为粒子原本具有确定的位置和动量,也不要把粒子的位置和动量的不确定性看成是测量手段带来的误差,更不要期待找到一种更聪明的方式来精确测量粒子的位置,又使其不干扰粒子的动量。

读者会问:"如果粒子的位置和动量不能同时被精确测量,那么粒子到底有没有确定的位置和动量呢?"

首先必须明确,所谓"有确定的位置",是指测量之前,还是测量之时。如果在测量之前,粒子状态是用波函数描述的,粒子没有确定的位置,除非波函数是位置算符的本征态。如果是在测量之时,波函数"坍缩"到一个本征态,就会在某个确定的位置发现该粒子,因此在每一次位置测量后的瞬间,粒子就有了确定的位置。

总而言之,对于上述问题,不能简单地用"是"或"不是"来回答。完整的回答是:在测量之前,粒子通常没有确定的位置,单次测量的结果将是不确定的。测量之后的瞬间,单个粒子有确定的位置;对大量粒子而言,每个粒子的位置可以是不同的,但是波函数模的二次方决定了粒子的空间位置的概率分布。

触类旁通,不仅粒子的位置,而且"量子力学中的物理量有确定的值吗?",问题答案是相同的。

对于这样的回答,很多经典物理学家(包括爱因斯坦)和广大读者似乎感到困惑彷徨,正如玻尔的名言:"谁要是不为量子理论感到震惊,那是因为他还不了解量子理论。"的确如此,因为量子理论牵涉到我们的世界观与方法论的根本变革。

电子自旋首先出现在量子论中,它是一个全新的物理量。1922 年,德国物理学家施特恩(Otto Stern)和格拉赫(Walther Gerlach)完成了在量子力学历史上的一个开创性的实验,发现了电子自旋,这是一个重大发现。量子力学中的许多物理量如位置、动量、能量等,在经典力学中都有对应,但电子自旋则完全没有经典对应的物理量。

1928 年,狄拉克提出了相对论性波动方程,从理论上导出,不但电子存在自旋,中子、质子、光子等所有微观粒子都存在自旋。粒子自旋不能理解为粒子的自转造成的。不仅电子,所有微观粒子自旋都是粒子内禀自由度,是量子力学中全新的物理量。经典粒子没有自旋,微观粒子自旋没有经典的对应物。

在经典力学中,自旋是一个很好理解的物理概念,就是物体绕自身的中心轴产生的自旋现象。如陀螺旋转、行星自转等,这些都是能够看得见摸得着的实体运动。量子力学认为,电子自旋是电子的基本性质之一,就像电子的电荷、质量等物理量一样,也是描述微观粒子固有属性的物理量,它是电子内禀运动。因此,对电子自旋不能用经典力学中的自旋去理解。

电子自旋概念的出现是经典力学与量子力学的分水岭,其重要意义不言而喻。按照量子力学对电子自旋的描述是:

(1) 电子自旋为 1/2 自旋,即它必须旋转 2 圈才会回到原来的状态,因而定义电子自旋为 1/2 的粒子,如图 8.2 所示。

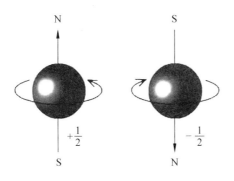

图 8.2　电子自旋

电子存在 1/2 自旋形式,即电子自旋 720°才算旋转一周,这样的自旋形态在宏观自然界还不存在。于是,量子力学认为,电子自旋是电子的"内禀"属性,它与自然界中的地球自转形式不同,是一种量子效应的自旋。

(2) 电子自旋有磁矩,这种磁矩可以通过多种实验观察,是一个实在的物理量,如图 8.3 所示。

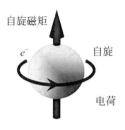

图 8.3　自旋磁矩

(3) 电子自旋只能处于两种自旋状态,即上旋或下旋,可以类比于电荷的正负。

费曼认为,对自旋的量子力学描述可以作为范例,推广到所有量子力学现象。

电子自旋就像一个"物理小天使",给量子力学的完善、发展和应用带来一片光明! 随后的原子理论、超导理论、核磁共振、量子信息技术等无不展现自旋磁矩的风采。

量子力学的哲学启示

量子力学在哪里？你不正沉浸于其中吗！跟我们形影不离的手机、居家必备的Wi-Fi、医院体检的核磁共振、做美容的激光……都是基于量子力学的基本原理。今日人们所使用的大多数科技产品之中都能够找到量子的影子。

量子力学的成就虽然明显，但为什么在大众心中还是迷雾重重？这是因为微观世界出现的现象经常是反直觉的。例如，量子叠加、量子纠缠、量子隧穿效应等，对于我们司空见惯的宏观现象来说，大不一样。对于这些问题，不光普通的人，即使是学过物理的人，也并非都能真正理解或者接受量子观念。

9.1　只有量子化，没有连续性——离散物质观

　　根据牛顿力学，描述一个系统的状态，一般需要三个物理量：位置、动量和能量，并且这些量都是连续变化的。比如，从高处坠落的小球，一飞冲天的火箭，不断流淌的溪水……牛顿的微积分便是建立在连续性假设的基础之上，成为描述运动与变化的强大工具。看来，连续性挡住了我们的去路。我们必须承认物体的运动是连续的，物体性质的变化也是连续的。然而，大自然并不轻易显露她的奥秘，真理总是隐藏在深处。

　　1900 年，德国物理学家普朗克发现物体的能量在发射和吸收的时候，不是连续不断的，而是分成一份份的。即能量不可无限细分，它拥有最小单位——能量量子。量子的发现，打破了一切自然过程都是连续的经典定论，第一次向人们展示自然的一种本性——分立性或非连续性。

　　后来，进一步的研究发现时间和空间也是不连续的，也是量子化的。时空流逝就像放电影一样，一帧帧叠加起来，看上去是连续的，实际上是以人类察觉不到的微小单元在前进。量子力学把不连续性看作是物理世界的内禀属性，彻底颠覆

人类的物质观。

9.2   只有概率，没有因果——概率统计观

因果观是哲学的重要内容，一件事情的发生，怎么会没有原因呢？经典力学强调"因果决定论"，认为一切"果"都是之前种下的"因"造成的。昨天种种是今日种种的原因，明天种种是今日的结果，复制原因，就能再现结果，宇宙本身不过是一条原因和结果的无穷链条。大科学家拉普拉斯有句名言：宇宙像时钟那样运行，某一时刻宇宙的完整信息能够决定它在未来和过去任意时刻的状态。这就是著名的因果决定论。

然而，量子力学只说概率，不谈因果。比如，你从家到学校的路只有一条，我只要在这条路上等待就一定可以遇见你。而在量子世界里，从家到学校的路有好多条，我找个地方等待，能不能遇见你就说不准了，因为我只能得到你从这里经过的概率。

对于一个微观粒子，在量子世界中，我们无法确定该粒子在哪里出现，我们只能确定它在某处出现的概率是多少，即只能用概率来预测粒子可能出现的位置。当我们说"粒子出现在某处"时，我们并不知道这个事件的"原因"是什么，它是一个完全随机的过程，没有因果关系。

这样,最终的问题是:世界到底是由什么来支配的? 是决定论,还是概率论? 从牛顿时代开始的 3 个世纪里,因果决定论作为一种准则指导人们的行为,并在诸多领域取得了开创性的成就。但是,现在我们面对的是更加复杂的自然和社会现象,多变量、多维度导致世界很大的不确定性。世界变得不再和之前那样因果之间有着确定不移的关系。大自然的一切规律都是统计性的,经典因果律只是概率统计规律的极限。

9.3 测得准这个,就测不准那个——不确定世界观

在经典力学中,粒子的位置(或坐标)和动量(或速度)可以同时测定,互不影响。例如,飞机来了,雷达可以把飞机的位置和速度都准确测定。

在量子力学中,海森堡的不确定性原理指出,人们无法同时精确地获取粒子的位置和动量。位置与动量变化是此消彼长的关系——位置变化越小,动量变化就越大;动量变化越小,位置变化就越大。所以,体现出的就是位置和动量无法同时精确获得。

那么,为什么微观粒子会呈现这种不确定性呢? 海森堡的解释是:如果要想测定一个粒子的精确位置的话,我们就

需要用波长尽量短的光去照射粒子,而波长越短,频率就越高,光波的能量也就越大。因此,高能量的光子撞击到被测量的粒子上,就会干扰粒子的速度,导致无法获得其精确的速度信息。同理,如果想要精确地测量一个粒子的速度,我们就要用波长较长的光去照射粒子,那就不能精确测定它的位置。

在此,量子力学带来世界观的根本变革,就是既想测得研究对象的某个物理量,又不能对研究对象造成影响是不可能的。不确定性原理断言:量子的位置与动量无法同时精确获取,这不是由于测量仪器不够完善,更不是由于实验操作有任何失误所造成的。

不确性原理表明粒子的位置和动量"不共戴天",只要一个越准确,另一个就越模糊。海森堡很快发现能量和时间也是如此,时间测量得愈准确,能量就会起伏不定。各种成对(共轭)的物理量都遵循海森堡的这种不确定性原理,这是理论限制,而不是实验导致的误差,不管科技多发达都一样。在量子力学中,不确定性原理是一个基本原则,所有理论都要在它的监督下才能取得合法性。

不确定性原理开启了一种新的思维去认识世界和处理问题。不确定的世界促使我们去创造,在变革中适应环境;不确定的世界充满无限奥秘,吸收着人类的好奇心,去不断探索;

不确定的世界没有绝对真理,留给人类无限思考的空间,赋予人类智慧永恒的意义。试想,如果宇宙的奥秘都被前人完全搞清楚了,后人就只能无所事事,失去了存在的必要和意义。

9.4　我似粒子,也似波——互补世界观

在经典力学中,研究对象总是被明确区分为"纯"粒子和"纯"波动。前者存在于空间的某个位置,后者存在于广泛空间。但在量子力学中,微观物质具有波粒二象性,我们必须同时把握量子的粒子性和波动性,才能对客体有全面的了解,忽略二者的任何一面,得到的都是残缺信息,玻尔把这一现象上升为一条哲学原理,即互补原理。他认为,粒子图像和波动图像是对同一个微观客体的两种互补描述,任何一幅单独的经典实在图像,如粒子或波都无法提供关于微观现象的完备说明,这种互补性质就好像同一枚硬币的两面,在任何时刻,我们只能看见其中的一面,不能同时看到两面,但只有硬币的正反两面都被一一看到后,才能说我们对此硬币有了完整的认识。

玻尔的互补原理,尽管提出开始是出于对波粒二象性的认识,促进了量子力学的发展,但后来玻尔又将这一原理向其

他自然领域乃至人文领域作了推广，使它成为普遍哲学意义
的科学原理。

9.5　粒子是实在，还是幽灵——测量创造实在观

　　测量，在经典力学中，这不是一个被特别考虑的问题。正
如爱因斯坦所说："月亮是因为我们观测才存在于那里，这是
不可能的。不管有没有人观测，月亮也好，电子也好，都应该
遵循物理学的法则，处于某一确定位置。"这句话反映出爱因
斯坦所秉持的客观实在论：客体独立于观测者，与观测者所
采取的观测方法无关。实在论坚持即使无人赏月，月亮依旧
存在，与观测者无关。用哲学术语来说，就是主客体相互独
立，相互之间不存在不可分割的联系，主体可以在客体之外去
认识客体，同时不对客体产生影响。

　　在量子世界中，情况就完全不同。因为我们测量的对象
（如电子）是如此微小，以致我们的介入对其产生了极大的干
预，导致测量中充满了不确定性，从原则上都无法克服。例
如，一个自由电子，如果没有观测者的观测，它将处于某种左
旋和右旋的叠加态，即一种电子自旋属性不确定的状态。也
就是说，这时候讨论电子是左旋还是右旋是没有意义的。但

是你一旦观测,得到的不是左旋电子就是右旋电子。也就是说,我们观测一下,电子才变成实在,不然就是个幽灵。按照哥本哈根派解释,不观测的时候,根本没有实在! 自然也就没有实在电子,只存在我们与电子之间的观测关系。

换言之,不存在一个客观的、绝对的世界,唯一存在的,就是我们能够观测到的世界。任何事物都只有结合一个特定的观测手段,才谈得上具体意义。事实上,没有一个脱离于观测而存在的"绝对实在",测量行为创造了整个世界!

量子世界是一个自由的世界,历史事件并不必然影响未来的事件,它们没有因果关系;量子世界是一个充满不确定性的世界,人们无法准确地预测每一次观测的结果,只能计算出某一种结果的概率;量子世界是一切皆有可能叠加的世界,量子态是可以叠加,可以任意组合的,破除了宏观物体的状态非此即彼的逻辑观念;量子世界是一个大量粒子彼此纠缠不清的世界,我们可以通过测量一个粒子而改变另一个很遥远的粒子的量子状态,否定了经典世界的定域实在性。所有这些思想,不仅影响,甚至革新了人类的世界观。

量子力学的困惑

量子力学虽然获得了巨大的成功,但也留下了一些困惑,例如,波函数坍缩内在的机制是什么？波函数是物质波还是概率波？为什么"测量决定命运"？困惑表明量子力学的路仍未走到尽头,我们还要努力地上下求索,去走完剩下的路。

10.1 "薛定谔猫佯谬"有没有结案

我们在前面曾经介绍,薛定谔于 1935 年提出了一个思想实验(后人称之为薛定谔猫)来质疑哥本哈根诠释的正确性,这就是著名的"薛定谔猫佯谬"。这个佯谬涉及量子力学两个重要的基本问题,一个是叠加态,另一个是测量。

下面我们简单重申一下薛定谔的思想实验:把一只猫关在封闭的箱子里面,箱内放置一个毒药瓶,瓶的开关由一个放射性原子控制,当此原子处于激发态(记为 $|\uparrow\rangle$)时,瓶子是关

闭的,猫未受到毒药的损害,是活的;而当原子跃迁到基态(记为$|\downarrow\rangle$)后,伴随有光子释放出来,它将启动瓶的开关装置,毒药被释放出来,猫就会被毒死。薛定谔用下列波函数来描述(猫十原子)这个复合体系:

$$|\psi|=\alpha\,|\,活猫\rangle\,|\uparrow\rangle+\beta\,|\,死猫\rangle\,|\downarrow\rangle$$

其中

$$|\alpha|^2+|\beta|^2=1$$

按波函数的统计解释,$|\alpha|^2$ 表示原子处于激发态而猫是活的概率,$|\beta|^2$ 表示原子处于基态而猫是死了的概率。换言之,波函数$|\psi|$代表猫是处于又死又活的叠加状态。而在宏观世界中,猫非死即活,二者必居其一。因此,量子力学的统计诠释有悖日常生活经验,是难以让人接受的。同样,在经典力学中,一个粒子不在一点 x_1,就在另一点 x_2(定域性)。对"又死又活的猫"或"粒子既在点 x_1,又在点 x_2"的叠加态说法都是很难理解的。薛定谔以及不少物理学家认为,这样的荒谬结果证明了量子力学是不完备的。

按照量子力学的正统理论(即哥本哈根诠释),当我们不去测量的时候,世界万事万物都是处在不确定的叠加态,一切都不能免俗。一旦测量就立刻把波函数"坍缩"了,按照概率选择一个实际的结果。也就是说,必须有一个"测量仪器"才能把"又死又活"的叠加态"坍缩"为"死猫"或"活猫"两者之一。否则,万事万物都是叠加态,客观世界就没有什么东西可以处于确定的状态。因此根据哥本哈根诠释,那就必须假定世界存在着一个完全服从经典力学的"绝对测量仪器",把波函数彻底"坍缩"。然而,测量仪器的行为是不服从薛定谔方程的,只要用到测量仪器就必须用经典力学来处理,薛定谔方程必须回避。

"薛定谔猫佯谬"提醒物理学家,薛定谔方程不能用来描述测量仪器,它不是"放之四海而皆准"的真理。物理学家温伯格(Steven Weinberg)认为:"这显然是令人不满的。如果量子力学适用于一切,那么它也必须适用于物理学家所使用的测量仪器,以及物理学家本身。而在另一方面,如果量子力学不适用于所有的事物,那么我们需要知道在哪里划出其有效范围的边界。量子力学只适用于不太大的系统吗?如果测量是用某种设备自动进行的,而且没有人去读取结果,量子力学在这种情况下适用吗?"只有在回答温伯格提出这个深刻的理论问题之后,"薛定谔猫佯谬"才可结案。

10.2 波函数是物质波还是概率波

在量子力学中最令人困惑的概念是波函教。人们最常提出的问题就是波函数到底是什么?德布罗意和薛定谔认为波函数是一种真实的物质波,它引导粒子运动,并决定粒子在空间的运动轨迹。玻恩却提出波函数的统计解释,认为粒子的运动遵循概率定律,而概率本身则按因果律传播。波函数究竟是物质波还是概率波?这两种看法谁对谁错?或者两者都对?

大家知道,在薛定谔方程中,电子的运动状态是由一个波函数来描述的,它随时间的变化遵循一个连续的波动方程。薛定谔认为,波现象是基本的,是构成世界的基础,而粒子则是波的聚集——波包。但是,根据薛定谔方程,波包随时间的演化会发生扩散,从而明显与粒子的稳定性不相符合,因此这种解释不能成立。

面对神秘的波函数,玻恩认为,波函数只是一种存于数学空间中的概率波,而不是如它的发现者——薛定谔所认为的那样,是存在于真实空间中的物质波。为了说明波函数如何与粒子联系起来,玻恩利用薛定谔方程来解决量子力学中的稳定散射问题。在此过程中他发现,波函数绝对值的平方将代表在空间某区域中出现粒子的概率,即波函数是一种概率波而非真实的波,它只是数学符号,并不具备任何物理内容。这样,概率波发生坍缩是容易理解的,因为这种坍缩只是数学函数的坍缩,并没有把弥漫在空间的物质收缩在某处。反之,如果波函数是一种物质波,那么无法解释波函数坍缩的行为,因为弥漫在空间的物质不可能在瞬间收缩在某处。

然而,即使玻恩断言粒子的运动遵循概率安排,却不能解释"为什么粒子不得不服从这种概率安排"。为了解释这个问题,就必须假定粒子受到波函数的某种"作用"。例如,在双缝干涉实验中,波函数在到达双缝时分成两个部分,分别通过左右两个狭缝,再汇聚在一起,于是发生干涉现象,在某些位置发现粒子的概率很大,而在另外某些位置发现粒子的概率几乎是零。粒子为什么会被那些概率大的位置所吸引,同时又被那些概率几乎是零的位置所排斥呢? 这只能理解为粒子受到了波函数的某种作用,这种作用在经典力学中是没有的。所以波函数应当具备某种实在的物理内容,也就是说它是物质波,它的存在迫使粒子不得不服从它的概率安非。正如,水波、光波(电磁波)、声波等都可以发生干涉现象,因为它们都是物质波。

参考文献[11]作者丁鄂江提出了量子力学"三阶段论",即量子力学对于微观粒子运动的描述,有这样的三个阶段:

第一阶段,根据粒子的初始条件确定这个粒子的初始波函数;

第二阶段,由薛定谔方程计算波函数随时间的演化;

第三阶段,用仪器测量粒子物理量(如位置、速度等)的最终结果。

"三阶段论"认为,在波函数演化阶段,它应是物质波;但在测量阶段,波函数发生坍缩,它应当是概率波。这说明量子力学中的波函数不仅是数学函数,同时也是物理实在。所以,波函数既是概率波又是物质波。至于为什么波函数会同时具有概率波与物质波两种互相矛盾的本质,这个问题至今没有确定的答案,仍然使物理学家感到困惑。

10.3　谁坍缩了波函数

经典力学和量子力学在描述物理过程时的一个最重要区别是,经典力学描述粒子的运动,而量子力学描述波函数的演化。哥本哈根派认为,波函数的演化有两种方式:

(1) 不测量时,波函数依照薛定谔方程严格发展;

(2) 测量时,波函数就坍缩,按概率给出一个实际的结果。

但对波函数如何坍缩?何时坍缩?为什么会坍缩?却没有给出一个明确的回答。因此,关于波函数坍缩的解释历来是科学家争论的焦点。

狄拉克认为,波函数坍缩是自然随意选择的结果,他说:"自然将随意选择它喜欢的一个分支,因为量子力学理论给出的唯一信息只是选择任一分支的概率。"而海森堡则认为,只有观察者才能够导致波函数坍缩,从而将量子猫从又死又活的状态中解救出来。玻尔则强调测量只需要经典仪器,与观察者无关,经典仪器足以解救这只量子猫。

那么,究竟是谁坍缩了神秘的波函数呢? 1932 年,"计算机之父"冯·诺依曼给出了一个惊人的答案:意识导致波函数坍缩。他在其著作《量子力学的数学基础》中,明确地给出了波函数坍缩这个概念,并且认为导致波函数坍缩的可能原因是观察者的意识。冯·诺依曼认为,量子理论不仅适用于微观粒子,也适用于测量仪器。于是,当我们用仪器去"观测"的时候,也会把仪器本身卷入这个模糊叠加态中间去。假如我们再用仪器 B 去测量仪器 A,好,现在仪器 A 的波函数又坍缩了,它的状态变成确定。可是仪器 B 又陷入模糊不确定中……总而言之,当我们用仪器去测量仪器,整个链条的最后一台仪器总是处在不确定状态中,这叫作"无限复归"。从另一个角度看,假如我们把测量的仪器也加入整个系统中,这个大系统的波函数就从未彻底坍缩过!

可是,当我们看到仪器报告的结果后,这个过程就结束了,我们自己不会处于什么模糊叠加态中。奇怪,为什么用仪器来测量就得叠加,而人来观察就得到确定结果呢? 冯·诺依曼认为人类意识的参与才是波函数坍缩的原因。

然而,究竟什么才是"意识"? 它独立于物质吗? 它服从物理定律吗？这带来的问题比波函数本身还要多得多，这是一个得不偿失的解释。

那么，有没有办法绕过所谓的"坍缩"，波函数无须"坍缩"呢？1957年，美国学者艾佛雷特（Hugh Evertt）提出了"平行宇宙论"，这就是量子力学的"多世界解释"。

按照这个解释，对量子状态的测量并不是从各种可能的结果中随机地选出一个结果；相反地，测量之后各种可能的结果都仍然存在。至于为什么我们只观察到一种结果，其原因是每当发生一次测量时，世界就分裂一次，测量过程把世界分成"多个世界"，每一个世界只观察到其中一种结果，每个观察者仅仅在自己的世界里。我们只能观察到我们所在的世界中的结果，而观察不到别的世界里的结果，但没有理由假定另外的结果没有出现过。

这样一来，薛定谔的猫也不必再为死活问题困扰。只不过世界分裂成了两个，一个有活猫，一个有死猫罢了。对于那个活猫的世界，猫是一直活着的，不存在死活叠加的问题。对于死猫世界，猫在分裂的那一刻就实实在在地死了，也无须等人们打开箱子才"坍缩"，从而盖棺定论。

多世界解释的最大优点，就是不使用薛定谔方程无法导出的"波函数坍缩"这一假设。然而，从多世界解释很容易推出一个怪论：一个人永远不会死去！在死和活的不断分裂中,总有一个分支是活的,所以人总在某个世界中活着。这个怪论被美其名曰"量子永生"。由此看来,战场上的士兵也不必害怕敌人的子弹了,即使在这个世界中弹了,在另一世界却不会中弹,还会继续活下去。怎么感觉越来越像神学了?

多世界解释只不过用宇宙分裂来代替波函数坍缩而已,但正如正统哥本哈根解释不能告诉我们波函数为什么,以及何时发生坍缩一样,多世界解释也不能告诉我们宇宙为什么,以及何时会发生分裂。

谁坍缩了波函数?答案仍然隐藏在黑暗中。"坍缩"就像是一个美丽理论上的一道丑陋疤痕,它云遮雾绕、似是而非、模糊不清,每个人都各持己见,为此争论不休。

开普勒推算出天体运行规律后,被人们认为是大逆不道。他奋笔疾书:"大事已告成,书已写出,可能当代就有人读它,也可能后世才有人读它,甚至要等一个世纪才有一个读者,这我就管不着了。"普朗克发现了量子,当初不被人理解,甚至没有一个人相信这个新观念。他一人在荒郊野外对天长叹,我的发现要么荒诞无稽,要么就是牛顿。

任何科学发现都是超前的,只有经过一段漫长的时间的考验后仍然屹立不倒,才能最终被载入史册。1905 年,爱因斯坦创立了相对论,他提出质能互换公式 $E=mc^2$。1945 年第一颗原子弹爆炸,证实了爱氏发现超前 40 年。量子力学创立将近 100 年,岁月已将它磨砺成一个完美的成熟的理论体系,在各个领域内都取得了巨大成功,足以成为不朽的经典。如果有人片面强调理论上的某些"困惑"而否定量子力学,这种极端的态度是不可取的。面对任何困惑,科学家都不会望而却步。恰恰相反,这些困惑将激励他们更加努力地寻找答案,继续他们对真理的不懈追求。

11 梦幻的超算天才

——量子计算

量子计算机(Quantum Computer)是一种遵循量子力学规律进行高速数学和逻辑运算、存储及处理量子信息的物理装置。下面讨论六个问题。

11.1　经典计算机发展的瓶颈

根据摩尔定律,集成电路上晶体管的数目每隔 18—24 个月增加一倍,其性能也相应增加一倍。目前晶体管越做越小,已经把工艺推进到 7nm,5nm,甚至 3nm(纳米)。现在每个芯片上的晶体管数已经超过了 10 亿大关,一个晶体管的尺寸比一个流感病毒还要小,达到原子数只有几十个,甚至十几个的水平。但是随着芯片集成度的不断提高,电路中间的阻隔变得越来越薄,到了原子级别,电子会发生隧穿效应,它会来回乱跑,你不能精确地定义高低电压,也就是无法控制电子开关到底是开着还是关着——记录为"0"还是"1"。这就是通常说的摩尔定律碰到天花板,它不可能无限期持续下去。随着元器件尺寸的不断缩小,在纳米尺度下,芯片单位体积内散热也相应增加,就会因"热耗效应"产生计算上限。总之,经典计算机离极限越来越近了,如果继续沿着这条路走下去,计算能力很快就要达到终点。

在微观体系下,电子遵守的是量子力学规律而不是传统(牛顿)力学的规律。电子的活动有时像粒子,但有时又像波,这就是量子效应。于是,科学家们提出干脆在量子效应的基础上研制量子计算机。早在 1959 年 12 月,美国物理学家费曼就发表了一个题为"底层的充足空间"的著名讲话,他指出今后经典计算机的发展方向就是量子计算机。在讲话结束时,他说:"当我们达到这一非常微小的世界,比如七个原子组成的电路时,我们会发现许多新的现象,这些现象代表着全新的设计机遇。微观世界的原子与宏观世界的其他物质的行为完全不同,因为它们遵循的是量子力学的规则。这样一来,当我们进入微观世界对其中的原子进行操控时,是在遵循着不同的规律,因而可以期待实现以前实现不了的目标。我们可以用不同的制造方法。不仅可以使用原子层级的电路,也可以使用包含量子化能量级的某个系统,或者量子化自旋的交互作用。"

　　仅半个世纪后,我们已经进入到"七个原子组成的电路"这一层级。因此,基于量子特性来研发量子计算机也是时候了!

11.2　经典计算机与量子计算机的比较

　　经典计算机是利用电磁规律,通过操控电子来进行相关的计算。量子计算机是遵循量子力学规律,对微观粒子的量子状态进行精确调控的一种新型计算模式。经典计算机是编译在一个宏观体系上的,主要用低电压和高电压来表示 0 和 1。量子计算机是编译在量子实体(单原子或电子、光子)上的,可以用电子的上下自旋状态表示 0 和 1。经典计算机的信息单元是比特(bit),它只能处于 0 或 1 的二进制状态。量子计算机的信息单元是量子比特(qubit),基于叠加原理,量子比特不仅可以表示 0 或 1,还可以同时表示 0 和 1 的线性组合。两种计算设备的计算单元,在物理结构上有着明显的差异。

　　相比之下,量子计算机的优势是存储更大、运算更快。量子存储突破的关键技术是量子叠加性;量子速度突破的关键技术在于量子演化并行性。

通过前面的讨论告诉我们，一个经典比特只能表示一个数：要么 0，要么 1，但一个量子比特可以同时存储 0 和 1，那么两个经典比特可以存储 00，01，10，11 四个数中的一个，而两个量子比特可以同时存储以上四个数，按照此规律推广到 n 个量子比特可以存储 2^n 个数，而 n 个经典比特只能存储其中的 1 个数。由此可见，量子存储器的存储能力是呈指数增长的，是经典存储器的 2^n 倍。如果 n 很大，假设 $n=250$ 时，量子计算机能够存储的数据比整个宇宙中所有原子的数目还要多，也就是说，即使把宇宙中所有原子都用来造成一台经典计算机，也比不上一台量子比特为 250 位的量子计算机。两种计算机的存储能力会有如此大的差异，根本原因就是量子叠加带来编码方式的变革。

为了提高计算速度，经典计算机依靠相关器件的堆叠和主频的提升来实现。从最初的单核上升到多核，主频从 486 处理器提升到现在的 2.××GHz，甚至到 3.8GHz 等。这种通过提升资源的方式来提高运算速度是不可持续的。量子计算机是并行运算，在实施一次的运算中可以同时对 2^n 个不同处理器进行并行操作，因此量子计算机可以节省大量的计算资源。另外，借助量子纠缠可以让量子比特中的数据保持同步，不要消耗额外的资源来维护运算中数据的同步。

量子计算机的前景固然光明，可是落地应用还要排除一系列的技术障碍,未来将是经典计算机和量子计算机搭配使用,经典计算机解决常规问题,量子计算机解决大数据、大运算量的一类问题。

11.3 量子计算机的物理体系

数十年来,科技界一直努力寻找量子计算机的物理实现,即计算机不再由传统晶体管简单的开关操作来提供动力,而是由量子力学的特殊物理特性来提供动力。目前提出的量子计算机的物理体系有多种方案,包括超导、半导体量子点、离子阱、量子光学和量子拓扑。各种方案的优缺点是:

(1)超导方案的优点是电路设计定制的可控性强、可扩展性好,可依托成熟的现有集成电路工艺。有待突破点是极为苛刻(超低温)的物理环境;克服热耗散和退相干。

(2)半导体量子点方案的优点是可扩展性良好,易集成,与现有半导体芯片工艺完全兼容。缺点是退相干与保真度不足。

(3)离子阱方案的优点是量子比特的品质高,相干时间较长,量子比特制备和读出效率高。缺点是存储量少,可扩展性差,小型化难。

(4)量子光学方案的优点是相干时间长,操控手段简单,扩展性好,与光纤和集成光子技术相容。需要突破点是两量子比特之间的逻辑门操作难。

(5) 量子拓扑方案的优点是对环境干扰、噪声和杂质有很大的抵抗能力。缺点是尚停留在理论层面,无器件化实现。

学术界和工业界虽然进行了多种方案的研究,并取得了一定进展,但仍然没有实现技术路线收敛。目前进展最快最好的技术方案是超导电路和量子光学方案。

11.4　量子计算机的实用标准及原理样机研制

21 世纪初,IBM 公司研究人员大卫·迪文森佑(David Divincenzo)提出量子计算机实用化的五个标准:

(1) 可编程的量子比特;

(2) 量子比特有足够的相干时间;

(3) 量子比特可以初始化;

(4) 可实现通用的量子逻辑门集合;

(5) 量子比特可被测量读出。

目前量子计算机研究的重点是把理论研究带出实验室,进行技术验证和原理样机研究,虽然真正达到实用化标准的量子计算机尚未出现,但出现了一些标志成果,如图 11.1 所示。

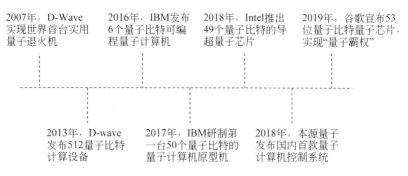

图 11.1　量子计算机研究成果

下面对"量子霸权"(也称"量子优势")作一解读。量子霸权不是指外交霸权或军事霸权,它是一个学术定义,指量子计算机发展到某一个阶段。科学家提出量子计算机的发展要经历三个阶段:

第一阶段:量子霸权。它是指能够造出一台在某个特定问题上超越经典计算机的量子计算机,其物理比特要达到 50 个以上,我们希望未来的两三年内能够达到这个目标。2019 年谷歌的量子处理器能在 3 分 20 秒内完成全球排名第一的超级计算 Summit 需要 1 万年才能完成的计算。难怪网上有媒体报道:量子计算机横空出世,200 秒等于 10000 年! 但谷歌即使取得"量子优势",也仅限于某个特定领域,距离更大范围的应用以及完全商用化还有很长的路要走。

第二阶段:实用量子模拟机,其物理比特要达到数百个。

未来 5～10 年,我们希望实现一些有实用价值的量子模拟机,可以应用于新材料设计、新药开发、组合优化、机器学习以及大数据处理等。

第三阶段:通用可编程的量子计算机,其物理比特要达到数亿个。这是最终、最困难的目标,它的运算速度可以按指数甚至双指数数量级提升,人类将进入超算时代,整个社会就会发生翻天覆地的变化。

2020 年 12 月 14 日国际学术期刊《科学》公布,中国科学技术大学潘建伟、陆朝阳教授团队,成功构建 76 个光子的量子计算原型机"九章",从而问鼎全球最快计算机!

"九章"量子计算机处理"高斯玻色采样"问题只需 200 秒,而目前世界最快的日本超级计算机"富岳"需要 6 亿年,比其快 100 万亿倍。200 秒只是短短一瞬,6 亿年早已是沧海桑田。这是一个里程碑式的技术突破,标志着我国首先用光子实现了"量子霸权"(量子优越性)。

如果都和超算比的话,"九章"等效地比 2019 年 10 月美国谷歌发布的 53 个超导比特量子计算原型机"悬铃木"还要快 100 亿倍。"九章"的优势在于它产生的状态空间比谷歌大得多,约为 10 的 30 次方,而"悬铃木"的状态空间约为 10 的 16 次方。另外,与谷歌采用 -273℃ 的超导线圈产生量子比特不同,潘建伟团队用光子实现量子计算,大部分实验过程都是在常温下进行。

"九章"令人瞩目的成就，引发国际科学界与媒体的高度关注。《自然》杂志发表题为《中国物理学家挑战谷歌"量子优越性"》的报道说："中国科学家使用激光束进行了一项数学上被证明在普通计算机几乎不可能完成的计算。""该团队在几分钟内就完成了现在最好的超级计算机需要地球一半年龄才能完成的任务，且与谷歌去年发布的53个超导量子比特量子计算原型机的硬件路径不同。"英国伦敦帝国理工学院物理学家伊恩·沃姆斯利说："这无疑是一个了不起的实验，也是一个重要的里程碑。"

不管"九章"量子原型机还是"悬铃木"量子原型机，都是"单一"用途的原型机，而非通用原型机，不能解决所有计算问题，只能解决某一类数学难题。比如，"九章"是针对解决"高斯玻色采样"问题，而"悬铃木"是针对解决"随机路线采样"问题。这些数学难题，如果用经典计算机去计算，动辄都要用上亿年也算不出结果。目前只有美国和中国有能力研发量子原型机，而我国在这条关键性赛道上已经在起跑阶段取得了领先。但未来的征程还很漫长，尚需我国科学家和科研工作者加油。

路漫漫，其修远兮，吾将上下而求索。

11.5　量子计算机的基本功能

大家知道,量子计算机的能力是所有现有的计算机组合加起来都无法匹敌的。虽然现在量子计算机还处于低级发展阶段,但将来一旦研制成功,必将颠覆现有的计算世界,一定会给人类带来又一次影响深远的信息革命。与经典计算机相比,量子计算机具有四种基本功能:

11.5.1　量子模拟

量子计算机对复杂系统建模模拟,能有效地揭示复杂系统的内在规律。比如通过复杂分子建模仿真缩短化学药品开发的时间。寻求开发新药和新物质的科学家经常需要了解分子的精确结构以确定其特性,以及理清分子之间的化学反应和相互关系。但是即使相对简单的分子也很难用经典计算机准确地建模,而量子计算机得天独厚,其物理本质上就非常适合解决这个问题,因为分子内原子的相互作用本身就是一个量子系统。专家认为,实际上量子计算机甚至可以对人体中最复杂的分子进行建模。因此在这个方向上的每一个进展都将推动新药和新产品的更快发展,并带来变革性的新疗法,从而开创医疗保健的新纪元。

11.5.2　量子优化

量子计算机以前所未有的速度解决复杂系统的多变量超参数的优化问题。经典计算机在多变量的情况下,每当更改变量时都必须进行一次新的运算,一次只能处理一组输入和一个计算的,因此每个计算都是通过单一的路径而得到的单一结果。而量子计算机对数据处理是并行计算的,每次计算可以同时通过大量的并行路径,在处理多变量问题时,运算速度变得极快,它能在很小范围内提供多种可能的结果。相比经典计算机的单一结果而言,量子计算机能更快地逼近答案,大大缩短寻求最优解决方案所需的时间。比如,量子计算机通过金融数据建模方式,帮助金融服务业进行更好的投资,隔离重大的国际金融风险;甚至可以通过全球物流体系的分析,寻找最佳路径,优化供应链和物流路线。

11.5.3　量子人工智能

人工智能要学会像人脑一样处理问题,必须预先用大数据进行训练,而经典大数据要转换成量子数据,需要庞大的算力,经典计算机难以扛起这个重任。比如要实现自动驾驶汽车,就要使用人工智能教会汽车作出关键的驾驶决策。例如何时转弯? 在哪里加速或减速? 如何避开其他车辆和行人?

这些训练都需要一系列密集的计算,随着数据的增加以及变量之间更复杂关系的增长,使得计算变得越来越困难。这样的训练需求可能会使当今世界上最快的计算机连续工作数天甚至数月。而量子计算机能够同时执行多个变量的复杂计算,因此它们可以指数级地加速这类人工智能系统的训练,推动自动驾驶汽车时代的快速到来!

11.5.4 量子质因数分解

首先,举一个简单的例子来说明质因数分解的过程。下面求解整数 $N=1529$ 的质因数分解。

传统解法:

$$1529 \div 3 = 509 \cdots\cdots 余 2$$
$$1529 \div 5 = 305 \cdots\cdots 余 4$$
$$1529 \div 7 = 218 \cdots\cdots 余 3$$
$$1529 \div 11 = 139 \cdots\cdots 余 0$$

所以,N 被拆成两个质数(11 与 139)相乘,即 $11 \times 139 = 1529$。

量子解法:

首先,把除数用二进制表示为

$3=0011$;$5=0101$;$7=0111$;$11=1011$,构成一个量子态:

$$|\varphi_1\rangle = \frac{1}{2}(|0011\rangle + |0101\rangle + |0111\rangle + |1011\rangle)$$

——四个除数形成的量子叠加态,而且其中 4 个量子比特是纠缠的。

再将被除数用二进制表示为

$$1529 = 10111111001$$

定义一个新的量子态:

$$|\varphi_2\rangle = |10111111001\rangle$$

——本征态,其中各量子比特都是纠缠的。

大数量子态除以除数的量子态:

$$|\varphi_2\rangle \div |\varphi_1\rangle = |1001\rangle$$

——直接得出一个没有余数的量子态。

总之,知道一个大数是两个质数的乘积求出具体两个质数,这样的大数分解问题是一个难题,但是把两个质数乘起来就简单很多。比如大数 $N = 10\ 104\ 547$ 是两个质数 p, q 的乘积,把 N 分解为 2789 和 3623 这两个质数,比起把它们乘起来就耗时很多。RSA 公钥密码系统的安全性就是基于这样的原理,这个系统在银行和互联网是广泛使用的。

现在可以回答这样的问题:为什么量子计算机会对现行密码系统构成严重威胁? 这是因为传统密码系统对计算机的计算能力的依赖。1995 年,计算机科学家肖尔(Shor)给出了一个大数质因子分解的量子算法,它能在几秒内破译经典计算机几个月也无法破译的密码。这是一个革命性的突破,表明"量子之下无密码"。在量子计算机面前,不光银行内的信息,而且所有系统的加密信息都被轻松破解。因此,量子计算机的发展将促进人们寻找更好的加密技术来保护人类最基本的线上服务。

11.6　量子计算机发展的困境

　　量子计算机的强大功能和重大的战略意义让我们充满憧憬,可是落地应用依旧长路漫漫,还要解决一系列的现实困境。要真正做出有实用价值的量子计算机,需要满足三个基本条件:量子芯片、量子编码和量子算法,它们分别实现量子计算机的物理系统(即硬件)、确保计算可靠(即量子相干)的处理系统和提高运算速度的量子算法(即软件)。

　　首先,设计一种可以在真实环境中制造和运行的量子计算设备是一项重大的技术挑战。现在的量子计算平台需要冷却至极低温度。一般来说,平台需要在约 0.1K 即 −273.05℃ 的温度下运行,否则储存在量子比特中的量子信息就会很快丢失,而达到这种温度需要非常昂贵的成本和严苛的制冷技术,这就是量子芯片迟迟无法突破的原因。

环境温度一直是困扰量子计算机得到大规模应用的难题之一。最近,来自新南威尔士大学的 Anderw Dzurah 教授领导的团队已经在一定程度上解决了这个问题。2019 年 2 月,Dzurah 教授公布了他们的实验结果:在温度高于 1K(−272.15℃)的硅基量子计算平台上进行了原理验证性实验。Dzurah 解释说:"虽然这仍是一个非常低的温度,但是仅用几千美元的制冷价值就可以达到这个温度,而不是将芯片冷却到 0.1K,那将需要数百万美元。虽然用我们的日常温度概念很难解释,但是这种增长在量子世界中是极端的。"他还表示:"我们的新成果为量子计算机从实验设备到价格合理的量子计算机开辟了一条道路,可以在现实世界的商业和政府中得以应用。"随着温度上升到 1K 以上,成本将大大降低,效率将显著提升。此外,使用硅基平台也是很有诱惑力的选择,因为这将有利于量子硬件(即芯片)使用经典硬件现有的集成电路工艺。

量子芯片是量子计算机的核心部件,已经成为美国、欧盟、日本等科技强国角逐的重中之重。专家认为,现在量子芯片的水平与 20 世纪 60 年代计算机技术相似。再过 5～10 年,我们可能有了在实际温度下工作的量子集成电路,那将是迈向未来量子计算平台的一大步。

其次,量子计算机之所以能快速高效地并行计算,除了因为量子叠加性之外,还因为量子相干性。相干性是指量子之间的特殊联系,利用它可以从一个或多个量子状态推出其他量子态。比如两个电子发生正向碰撞,若观测到其中一个电子是向左自旋的,那么根据能量守恒定律,另一个电子必是向右自旋的。这两个电子所存在的这种联系就是量子相干性。若某串量子比特是彼此相干的,则可把此串量子比特视为协同运行的同一整体,对其中某一比特的处理就会影响到其他比特的运行状态,正所谓牵一发而动全身。量子计算机之所以能快速、高效地运算就缘于此。因为,长时间地保持足够多的量子比特的相干性,同时又能够在这个时间之内做出足够多的具有高精度的量子逻辑操作,才能确保量子计算的可靠性。

但是,量子比特不是一个孤立的系统,它会与外部环境发生相互作用,导致量子相干性的衰减,即消相干(也称退相干)。因此,要使量子计算机成为现实,一个核心问题就是克服消相干。而量子编码是迄今发现的克服消相干最有效的方法。

最后,目前能用于量子计算的算法还十分稀少,只有大数质因子分解的肖尔(Shor)算法和大数搜索的斯特勒(Steane)算法。如果不能提出更多的指数级增长的量子算法,就不能充分发挥量子计算机强大的物理威力,那么量子计算机的功能就会大打折扣。

综上所述,相比人工智能 70 年的发展历程,量子计算机相对更加年轻。20 世纪 80 年代才正式提出量子计算机的概念,经过前十年的稳步发展,现在开始提速发展,逐渐走出困境。目前各种量子计算路线和物理方案纷纷提出,量子比特数目你追我赶,如果说人工智能大器晚成,量子计算机则风华正茂,人类社会有望不久将进入量子计算机时代!

12

信息绝对安全的保障

——量子密码

与经典通信密码系统不同,量子通信的安全性依赖于量子力学属性,如量子纠缠、量子不可克隆和量子不可测量等,而不是依赖数学的复杂度理论。

12.1　RSA 密码系统

衡量密码系统安全与否的标准,在于破解者需要花费多少时间以及多少成本。如果破解所需要的成本明显高于该信息的价值,或者破解所需要的时间超过该密钥的寿命,这个密码系统就被认可。当整数 N 增大时,分解质因数所需要的计算机时间呈指数增长,密码就很难破解,因此 RSA 密码系统被认为是安全的。目前 RSA 密码系统仍然被广泛应用。这个系统(见图 12.1)用一把钥匙给信件加密,用另一把钥匙解密。加密的钥匙称"公钥",而解密的钥匙称"私钥"。公钥是公开的,不仅通信的双方有,窃听者也可以得到。私钥不需要传递,因此第三方无法在甲乙双方通信过程中截获。

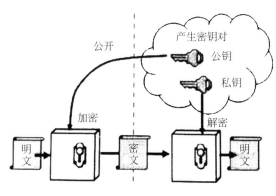

图 12.1　加密通信示意图

假设甲方要向乙方发送信息,RSA 密码系统通过以下四个步骤完成通信:

(1) 甲乙双方约定一个数学函数 $A = F(a)$。这个数学函数可以公开,所以窃密者可以获取。

(2) 乙方先确定自己的私钥 a,并且用这把私钥通过数学函数 $A = F(a)$ 计算出公钥 A,然后把公钥通过公开信道通知甲方。

(3) 甲方就用公钥 A 给信件加密,把加密后的密文通过公开信道发给乙方。

(4) 乙方用私钥 a 把收到的密文解密,得到明文。

如上所述,在 RSA 密码系统中,首先要由收信方选择私钥,生成公钥,并且通知发信方。当甲方要向乙方发送信息时,乙方可以用自己的私钥 a 解密。窃密者只有可能得到公钥,但是没有私钥,因此无法像乙方那样解密。反过来,如果乙方要向甲方发信,就需要甲方先确定自己的私钥 b,再用这把私钥通过一个数学函数 $B=F(b)$,计算出公钥 B,然后甲方把公钥 B 给乙方。乙方用公钥 B 加密后,把密文发给甲方,甲方用私钥 b 解密。显然,RSA 系统完全避免了"密钥分发"过程中私钥被第三方窃取。

读者可能会认为,既然窃密者已经知道了公钥 A,根据数学函数 $A=F(a)$,他就有可能从公钥 A 反解出私钥 a,于是窃密者就可以解密了。从理论上说是这样,然而实践上未必行得通。有许多数学函数,正问题很容易解,但是反问题的求解却很困难。公开密钥算法来自于数论,这是基于计算复杂度上的难题。由两个大质数求得乘积易如反掌,但是反过来,从一个大数分解质因数则极其困难。

基于大质数原理的加密、解密和数字签名算法(RSA 密码系统)已经成为电子安全不可缺少的部分。我们每天上网和进行电子交易的时候,全靠它们的保护才使得黑客无法顺利地窃取我们的隐私信息。

12.2 量子密钥分发

大家知道,我们几乎时时刻刻都在使用密码,如解锁、登录、转账等。怎样才能实现无法破解的密码,以保证通信与交易的安全呢? 其实,早在 1917 年就有人提出,只要实现"一次一密"的方式就能够做到这一点。也就是说,每次传递信息的长度跟密码本的长度一致,并且密码只能用一次,这样肯定是安全的。但这在现实生活中是根本做不到的。

因为"一次一密"要消耗大量"密钥",需要甲乙双方不断地更新密码本,而密码本的传送本质是不安全的。那么是否有什么办法可以确保密钥发送是安全的? 有,这就是"量子密钥分发"。

我们知道,传统密钥是基于某些数学算法的计算复杂度,但随着计算能力的不断提升,传统密钥破译的可能性与日俱增。1995 年,美国学者肖尔提出了大数因子化算法,有望在量子计算机上实现,就有可能高效率地分解质因数,于是经典计算机上 RSA 密码系统就会被迅速破解,那时正在使用RSA 密码系统的银行、网络和电子商务等部门的信息安全将受到严重威胁。量子力学的发展为人们寻找更加安全的密钥提供了可能性。量子密钥是依据量子力学的基本特性(如量

子纠缠、量子不可克隆和量子不可测量等)来确保密钥安全,
这是它比传统密钥所具有的独特优势。另外一个优点是无须
保存"密码本",只是在甲乙双方需要实施保密通信时,实时地
进行量子密钥分发,然后使用这个被确认的安全的密钥实现
"一次一密"的经典保密通信,这样可避免保存密码本的安全
隐患。

　　量子密钥分发(QKD)的过程大致如下:单个光子通常作
为偏振或相位自由度的量子比特,可以把欲传递的 0,1 随机
数编码到这个量子叠加态上。比如,事先约定,光子的圆偏振
代表 1,线偏振代表 0。光源发出一个光子,甲方随机地将每
个光子分别制备成圆偏振态或线偏振态,然后发给合法用户
乙方。乙方接收到光子,为确认它的偏振态(即 0 或 1),便随
机地采用圆偏光或线偏光的检偏器测量。如果检偏器的类型
恰好与被测的光子偏振态一致,则测出的随机数与甲方所编
码的随机数必然相同。否则,乙方所测得的随机数就与甲方
发射的不同。乙方把甲方发射来的光子逐一测量,记录下测
量的结果。然后乙方经由公开信道告诉甲方他所采用的检偏
器类型。这时甲方便能知道乙方检测时哪些光子被正确地检
测,哪些未被正确地检测,可能出错,于是告诉乙方仅留下正
确的检测结果作密钥,这样双方就拥有完全一致的 0,1 随机
数序列。

如果有窃听者在此过程中企图骗取这个密钥,他有两种策略:一是将甲方发来的量子比特进行克隆,然后发给乙方。但量子的不可克隆性确保窃听者无法克隆出正确的量子比特序列,因而他无法获取最终的密钥。另一种是窃听者随机地选择检偏器,测量每个量子比特所编码的随机数,然后将测量后的量子比特冒充甲方的量子比特发送给乙方。按照量子力学原理,测量必然干扰量子态,因此,这个"冒充"的量子比特与原始的量子比特可能不一样,这就导致甲乙双方最终形成的随机序列出现误差,他们经由随机对比,只要发现误码率异常高,超过了阈值,便知道有窃听者存在,此时警报响起,停止密钥分发,已发的密钥弃之不用。只有确认无窃听者存在,其密钥才是安全的。接下来便可用此安全密钥进行"一次一密"的经典保密通信。

13 超越经典测量极限的技术
——量子精密测量

　　测量是科学实验的根基,而测量需要计量工具。古时候,人们用尺、秤砣等进行长度和重量的测量。有了测量工具很多事情不仅方便而且规范,正所谓,无规矩不成方圆。不过,无论尺子还是秤砣都会存在一定的误差。后来人们借助于电子技术,制造出许多测量精度很高的工具来减少测量误差,比如从秤砣到电子秤。人们还可以通过改进测量方法来提高测量的准确度,比如多次测量求平均数。但是,不管测量工具如何精密,测量方法如何先进,在宏观测量手段下,仍旧有无法避免的测量误差,存在理论上所说的经典测量极限。这个极限给科学研究带来很多问题。

　　近年来,基于量子技术的发展,为人们解决这一问题提供了新的思路。科研工作者根据量子力学特性,特别是量子纠缠和量子叠加等特性,应用于物理量的测量取得了突破性的进展。我们不再受经典测量的极限限制,可以更进一步提高测量的精度,为人类解锁自然界的奥秘揭开了崭新的一页。

下面以原子钟和量子传感器为例,讨论它们背后的量子力学。

13.1 原子钟

关于时间,人们有很多的思考。文学家这样说时间:"莫等闲,白了少年头,空悲切。"告诫人们对转瞬即逝永不再来的时间要十分珍惜。在日常生活中,守时也是一种美好的品德。不过,如果彼此约定的时间不能有一个统一的标准,品德再怎么高尚的人也很难做到守时。于是,人们发明了很多工具来计量时间,比如日晷,通过物体的影子来推算时间;又如手表,通过精密机械内部的彼此配合来表明时间;再如电子表,利用电子技术来确定时间,时间的精度更高。到了 20 世纪,出现了石英钟,1 年的时间误差仅为 1 秒左右。这样的误差对我们的生活已经不存在什么影响。但是,在爱因斯坦的相对论中,引力场会引起时间和空间的弯曲,这样的话,在海拔较高的珠穆朗玛峰的时间,就会和海拔较低地方的时间存在较大的差异,这对于时间精度要求较高的科学研究来说是无法接受的。

　　终于，科学家们把目光投向了原子钟。原子谱线的频率是普世的，不会随着地域、历史而改变。美国研制的原子钟的时间精度达到了数万年误差仅为 1 秒。美国的 GPS、中国的北斗导航系统，其依赖的最根本的技术就是对时间的精确测量——原子钟。比如，卫星定位一辆车在什么地方，需要利用三到四颗卫星发射无线电波来测量车辆与卫星之间的距离，从而实现定位。当车辆移动 1 米的时候，这个移动距离引起的无线电波传播时间的变化是极其微小的。因为无线电波是以光速传播，其传播速度约等于每秒 30 万公里。这个微小的时间变化，没有精确度极高的时钟是无法测量的。有了几百万年误差只有 1 秒的原子钟，全球定位系统的精度就能达到10 米，甚至于 1 米。这样，就可以准确测定车辆在哪里，就有了精确的谷歌地图、高德地图等。

　　时间是最重要的物理量，人类对时间精度的提高贯穿整个历史。利用量子新技术，人们可以将时间的测量标准达到前所未有的新高度。美国科学瓦恩兰（Wineland）等在实验上利用离子阱中两个纠缠的离子，可以进一步提高时间测量的精度，不仅能提高 GPS 精度，甚至可以直接用来探测引力波和暗物质。

13.2 量子传感器

近年来,人们基于量子叠加和量子纠缠等量子力学特性对环境变化非常敏感,制造出更加精确、灵敏的装置,以实现对被测系统的物理量的功能变换和信息输出,这就是量子传感器。

在量子传感器中,外界环境如温度、压力、电磁场直接与电子、光子等量子体系发生相互作用,改变它们的量子状态,最终通过对这些改变后的量子态进行检测,从而实现对外部环境的高灵敏度测量。因此,这些电子、光子等量子体系就是一把高灵敏度的量子"尺子"。一般来说,物理系统总是受到噪声的影响,因而,我们对于物理量的测量精度总是受到噪声的限制。利用量子技术就可以压缩噪声的干扰,进而达到海森堡测量极限。

量子传感器的应用极其广泛,其范围涵盖空间探测、国防军事、生物医疗、地质勘测、灾害预防等领域。例如,在交通运输和导航中,需要实时了解各种交通工具的准确位置信息及状况,对汽车、火车和飞机的定位和导航精度被严格要求在10厘米以内,并随时监测到厘米级的危险路况。此外,量子传感器还必须具备在诸如水下、地下和建筑群等导航卫星触及不到的地方工作的能力。

随着人类操控量子的能力迅速发展，利用量子特性对环境的异常敏感，量子传感器能探测到来自周围世界的各种微弱信号，这不仅有助于更深层次的物理规律的发现，更有其应用上的特殊需求。例如，对微小压力测量、精准重力测量、无线频谱测量、微弱磁场测量以及生物信息测量等，不仅非常精确，而且灵敏度很高。这些研究正处于应用的前夜。

走向未来的技术

——量子人工智能

14.1　移动革命

网络是信息传输的基础,四处延伸的电话线、网线连接到我们的电脑和电话机等终端设备上。这些实物的电线组成的网络在连接这个世界的同时,也网住了这个世界,人们被纵横交错的线路束缚了。

能不能去掉线的束缚呢？随着科技的发展,物理网络由有线变为无线,终端的束缚终于去掉了。从有线到无线,从有形到无形,是互联网带来的一个巨大变化,其背后是对人性束缚的极大解放。

与有线网络相比,无线网络具有可移动、不受时间与空间的限制、不受线缆的限制,低成本、易安装等优势。以前需要复杂的布线,而如今仅需一台无线信号发射器;以前要依赖个人电脑(PC),如今人们可利用任何配有无线终端适配器的设备,在任何时间、任何地域、任何设备上便捷地链接网络。

今天,移动网络对固定网络的颠覆,移动终端(如智能手机、平板电脑)对传统电脑 PC 的冲击,移动操作系统对桌面操作系统的取代,大大地推动了社会的进步,方便了人们的生活。固定网络时代曾经辉煌的公司,如英特尔(PC 处理器的王者)和微软(PC 软件的代名词)的强大组合,已经渡过了最顶峰的时期,光环逐渐暗淡,在移动革命时代失去了昔日风采。

移动网络、移动终端和移动应用构成的移动互联网行业,正在共同谱写着人类发展历史中前所未有的篇章,推动着产品和行业的更新换代。我们要看清方向,顺应潮流,跟上世界变化的步伐,把握移动革命时代赋予的机遇。

第一代(1G)移动网络时代,移动设备是"大哥大",它让我们开阔了视野,但设备太贵,移动通信只不过是固定通信的一个补充。

第二代(2G)移动网络时代,移动设备大幅度降价,人们手里有了手机,可以随时随地与亲朋或客户联系。这时候,我们的联系方式主要是打电话和发短信。

第三代(3G)移动网络时代,靠增加带宽的方式来提高数据传递速率,数据取代了话音。今日我们可以通过手机看视频、传微信、听音乐、玩游戏、发语音留言……这些功能都是数据业务,它正在取代语音业务成为主流应用。

第四代(4G)移动网络时代,还是用增加带宽的方式来提高传输速率。人们感知到的传输速率从 Kbps 数量级提升到 Mbps 数量级,促进了高速移动网络的普及。现在,有多少人出门时带着 PC 的? 但是,几乎所有人出门的时候都会带上手机。因为移动 APP 已经完成相当多原本 PC 应用的功能。除了日常生活中移动 APP 逐渐取代 PC 应用之外,移动 APP 在商业上的应用也被广泛认可。可以说,移动 APP 取代 PC 应用的战役已经全面打响了。

第五代(5G)移动网络时代,它的特点是大带宽、低时延、广联接。5G 网速比 4G 快 100 倍,网络时延仅仅 1 毫秒。4G 时代,手机可以联网,电脑可以联网,但是汽车不能,冰箱不能,空调也不能。5G 时代,网络不仅无处不在,还无所不包。我们日常使用的物品都能够连接网络,实现万物互联,这就是物联网。5G 将迎来一个万物互联的数字世界,所有的转换都要为数字化让路。谁掌握了物联网领域的主动权,谁就能够站在风口,一飞冲天。

移动革命推动下一代技术革命——智能革命,人工智能领域的大部分技术都起源于移动世界。从无人驾驶汽车到智能机器人都得益于移动革命。

14.2　人工智能

什么是人工智能(Artificial Inelligence,AI)？由非生物生命方法产生的智能统称为人工智能。从本质上讲,人工智能是对人脑思维的模拟,该模拟可以从两条路径展开：一是结构模拟,仿照人脑结构机制,制造出"类人脑"的机器；二是功能模拟,暂时撇开人脑的内部结构,从人脑的功能过程进行模拟。计算机的快速发展大大推动了对人脑思维功能、信息处理过程的模拟,为人工智能奠定了技术基础。

知识获取——需要依靠大数据；

自主学习——需要依靠先进的机器学习算法；

大规模计算——需要依靠高性能的超级计算机。

三者所包含的具体内容及其作用可以表述如下。

14.2.1　数据是人工智能的"生产资料"

大数据时代的到来,奠定了人工智能的前提基础,为 AI的算法训练积攒了源源不断的粮草,深度神经网络学习算法通过挖掘海量数据,快速积累经验,归纳关联、总结规律、获取知识。

14.2.2 算法是人工智能的"生产模式"

2006 年开启了深度学习、强化学习的不断迭代,提高了机器自主学习的能力,促进 AI 的学习模式从有监督式学习演化为半监督式、无监督式学习。以多层神经网络为主流的深度学习算法为面向海量数据、复杂场景的算法训练和落地应用提供了强大的算法支持,深度学习被广泛应用于自然语言处理、语音处理、计算机视觉、生物识别等领域,成为人工智能应用落地的核心引擎,促进 AI 与商业场景的深度结合。

14.2.3 算力是人工智能的"生产工具"

在摩尔定律推动下,算力不断升级再升级。芯片处理能力和云计算技术的迅速发展,目前已可以整合成千上万台计算机开展并行计算,使得低成本的大规模并行计算变成现实。GPU、NPU、FPGA 以及各种各样的 AI-PU 人工智能专用芯片的发展,更是提高了 AI 的快速海量数据计算能力,推动人类深层神经网络的算法模型得以实施。

数据、算法、算力作为 AI 的三大支柱,将在 AI 的广泛应用获得反哺,势必产生"滚雪球"效应,进一步积累更大量级的数据、更优方式的算法和更高速度的算力。为此,AI 的底层支柱与上层应用构建起彼此支撑、互相发展的良性循环。

现代人工智能已不断向各行各业渗透、融合，推动实体经济的发展。从产业应用角度来看，植入人工智能技术的产业空间不断被打开，目前有两种落地模式：

(1) 人工智能企业提供"AI+"解决方案或平台服务；

(2) 传统企业主动"+AI"，引进人工智能技术。

无论什么产业加上人工智能就能形成一个新产业，或者原有产业以新的形态出现。当然，并非每个企业都要从事人工智能产品本身的制造，更多时候是利用 AI 改造原有产业。

14.3 量子人工智能

AI 发展要经历三个阶段：一是弱人工智能，AI 只能从事单一工作，如无人驾驶、金融交易、法律咨询等。AlphaGo 只会下棋，问路就不行了。二是强人工智能，人类从事的体力劳动和脑力劳动 AI 都可以做，各个方面工作 AI 都能和人类并驾齐驱。三是超人工智能，AI 超过人类的思维能力，在几乎任何领域都比最聪明的人类头脑还要聪明，如科技创新、社交技能等。我们现在所处的位置是一个充满弱人工智能的世界。专家预测强人工智能出现时间为 2040 年；超人工智能预计 2060 年到来。

人类要实现超人工智能有两个前提条件——高质量的大

数据和强大的计算机能力。这是因为机器获得智能的方式和人类不同,它不是靠逻辑推理,而是靠大数据和智能算法。而智能算法能够实现则要求计算机的运算能力按指数级增长,机器智能才会超过人类。

目前全世界拥有的数据量是 3000 个 ZB(泽字节或 2^{70} 个字节),光维持数据运转需要的电费约 2500 亿元人民币。全球数据呈爆炸式增长,每年产生的数据需要用数百亿个容量为 1TB(太字节或 2^{40} 个字节)硬盘来存储。大数据持续增长要求能耗必须降下来。出路在哪里?未来只用指甲盖大小的量子存储器就能将人类几百年的信息存储进去。因此,研发高密度、低能耗的量子存储器为我们利用大数据提供了似乎无限的想象空间。

在能够产生大数据,也能够存储这些大数据之后,还有一个问题必须解决,那就是这些大数据的处理技术要有所突破,这里的关键在于计算机的速度。1965 年,英特尔的创始人之一戈登·摩尔在考察了计算机硬件的发展规律后,提出了著名的摩尔定律。该定律认为,计算机处理器的速度每 18 个月翻一番。回顾计算机硬件的发展历史,基本符合摩尔定律。经过半个多世纪的发展,计算机的性能已经非常强大。中美两国最强大的超级计算机每秒能够进行超过 100 亿亿次的计算。然而,仍然有大量的实际应用问题,是这些计算机解决不了的。比如,把一个大的整数分解成质数的乘积就是一个不可计算的问题。

在摩尔时代,为了提高计算机的性能,一般是靠加大晶体管的集成程度。可能不到十年,传统芯片的尺寸会缩小到原子数量级(几个纳米)。这时,量子隧穿效应开始显著,电子受到束缚减小,芯片功能降低,能耗提高,CPU 已逼近物理极限,摩尔定律面临失效。人类要提高计算机的速度,就要利用量子世界特有的定律。量子计算机借助量子的叠加状态来实现经典计算机无法实现的并行计算,信息处理能力超强,没有热耗,所需要的数据量更少,更容易模拟深度神经网络。1964年,计算机科学家肖尔给出了一个大数质因子的量子算法,证明了如果量子计算机能够制造出来,整数的分解就是可计算问题。它能在几秒内破译经典计算机几个月无法破译的密码,这是一个革命性的突破。

量子计算机强大的运算能力,可以帮助解决机器学习领域的许多难题,在一定程度上改变 AI。从逻辑上来说,人工智能改变的是计算的终极目的,颠覆了传统计算的工作方式;而量子计算改变了计算的原理,颠覆了传统计算的来源。毫无疑问,二者未来必然是相互支撑的,复杂的超 AI 需要庞大的算力,当传统计算不足以支撑一个今天还无法想象的智能体时,量子计算必须扛起这个重任。著名计算机科学家姚期智院士认为："如果能够把量子计算和 AI 结合在一起,我们可能做出连大自然都没有想到的事情。"如果说神奇的那一天还很远,那么近年来量子计算与 AI 的结合已经陆续发生。比如,谷歌人工智能量子团队在 2018 年提出了量子神经网络模型(或量子深度学习模型),这一网络应用量子计算方式极大地提升神经网络的工作效率。为此,我们可以用一个简单公式来表示量子人工智能(QAI)的发展模式:

QAI＝大数据＋量子深度学习＋量子计算机

人类最想了解的两件事:一是宇宙的构成,二是我们自身的构成。有趣的是,人类对外部世界的了解似乎比对自身的了解更多。人类能否理解宇宙的同时也理解自己?人工智能与量子计算相结合将促使这一天迅速到来。

14.3.1　彻底破解天道

古代哲学思想认为:万物皆数,数是宇宙万物的本源。这种哲学思想认为:1 生 2,2 生诸数,数生点,点生线,线生面,面生体,体生万物。因此,数产生万物,数的规律统治万物。

数学家认为:数是概念,不是物,物的数量特征在人的头脑中反映为数,而不是数转化为物。"万物皆数"观点包含唯一主义成分。

现代科学观认为：世界万物由三要素构成——物质、能量与信息。不是万物皆数，而是万物皆与数有关。

不是吗？一切实实在在的物质皆有形，形可以用数描述；运动与变化伴随着能量的变换与转化，能量用数表示；人的知识本质是信息，信息可以用数记取，万物有质的不同，但质又可以用数刻画。

宇宙的变化归根结底可以用数量变化来描述。当强大的量子计算机出现之后，就能破解宇宙和其中万物背后深藏的底层密码，各种事物的运行规律和微妙的关系豁然展现在我们面前，人类因此掌握以前做梦也不敢想象的知识和能力。

14.3.2　彻底破解地道

信息时代，数据如海！

随着数字网络的兴起与广泛应用，数据来源越来越丰富，人们获得数据的代价越来越小，在很多领域都产生了海量数据，出现所谓数据过剩，而知识贫匮的局面。面对堆积如山的数据，人们有时会感到无所适从。数据无处不在，社会必须用数据来管理。随着量子计算机和人工智能的到来，各种大数据背后蕴藏的奥秘都将被破译出来，更多的规律会浮出水面。巨大的数据资源将转换为信息资源，帮助我们用数据来管理，用数据来决策和用数据来创新。

14.3.3　彻底破解人道

生命的要素到底是什么？这是一个经久不衰的问题。生命科学家认为,生物体都是一套生化算法。无论是基因,还是人类各种感觉、情感和欲望的产生,都是由各种进化而成的算法来处理的。

随着量子计算机的产生,这些算法将被彻底破译,人类那些被称为基因的 23000 个"小程序",将被重新编程,帮助人类远离疾病和衰老。一种由人工智能和量子计算机所组成的超级智能体,能记住个人的细节,机器对人的了解程度不亚于人对人的了解程度。如果说前几次技术革命,顶多是人的手、脚等身体器官的延伸和替代,那么人工智能＋量子计算机＋基因科技则将成为人类自身的替代。

15

深居闺阁的量子
进入大众视野
——"墨子号"成功发射

2016 年 8 月 16 日,量子卫星"墨子号"在酒泉卫星发射中心用"长征二号"运载火箭发射升空,经过 4 个月的在轨测试,2017 年 1 月 18 日正式交付开展科学实验(见图 15.1)。其实验任务有三个,一个是进行卫星和地面之间的量子密钥分发;一个是进行地面和卫星之间的量子隐形传态;还有一个是开展空间尺度量子力学完备性实验的验证。

第一个任务主要是为了保证量子通信的保密性。量子通信之所以迷人的一个重要原因就是它有可能实现信息传递的绝对安全。这对于国家来说,意味着秘密不会泄露;对于企业来说,意味着商业机密不会被窃取;对于个人来说,隐私能够更好保护,可以说是利国利民。但是量子通信和其他的通信

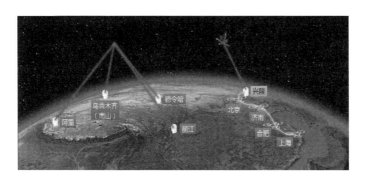

图 15.1   "墨子号"量子卫星

一样也需要密钥,有了密钥,信息的加密过程才能最终完成。虽然量子密钥在理论上已经地面实验得到了验证,不过在"墨子号"之前,人们的验证结果还从未跳出地球,"墨子号"是人们第一次突破地球的距离极限,实现了地球和地球之外的量子保密通信。

量子密钥分发实验为什么采用卫星发射量子信号,地面接收的方式呢(见图 15.2)? 这是因为采用地面光纤传输量子信号的话,其损耗是非常严重的,超过 200 公里的光纤量子信号就会被损耗殆尽,因此,要通过光纤实现远距离的量子通信是不可能的。然而,通过卫星则不同,量子信号在穿透大气层时能量损耗仅有 20%。这样,别看卫星和地面相隔遥远,但传输损耗其实远远小于光纤传输的损耗。"墨子号"卫星过境时,与河北兴隆地面光学站建立光链路,通信距离从 645 公里到 1200 公里，在 1200 公里通信距离上，星地量子密钥的传输效率，比同等距离的地面光纤信道高 20 个数量级（万亿亿倍）。卫星上光源平均每秒发送 4000 万个光子信号，一次过轨对接实验可生成 300bit 的安全密钥，密钥分发速率可达 1.1kbps（千比特率）。这一重要成果为构建覆盖全球的量子保密通信网络提供可靠的技术支撑。以星地量子密钥分发为基础，将卫星作为中继站，可以实现地球上任意两点星地密钥共享，将量子密钥分发扩展到全球范围。

图 15.2　墨子密钥分发

2017 年 9 月，中国量子保密通信骨干网络，也是世界首条远距离商用量子保密通信干线——京沪干线开通，为探索量子通信干线运营模式进行技术验证，已在金融、电力等领域初步开展了应用示范，并为量子通信的标准制定积累了宝贵经验。

第二个任务是开展地星之间的量子隐形传态实验。上面介绍的量子密钥分发是利用量子力学特性来保证通信的安全性。在这里,传递的并非通信信息本身,而是打开信息的密钥,信息本身还是需要借助经典信道(如打电话)来传送的,但加密方式是量子的。所以,我们可以把量子密钥分发看成是"半经典半量子"的通信方式。下面将要介绍的量子隐形传态,传递的不再是经典信息,而是量子态携带的量子信息,通俗来讲,就是将甲地的某一粒子的未知量子态在相距遥远的乙地的另一粒子上还原出来,即在乙地构造出量子态的全貌。

不少的科幻影片和小说中经常出现这样的场景:一个神秘人物在某处突然消失,而后却在远处莫名其妙地显现出来,这种场景非常激动人心。隐形传送(Teleportation)一词即来源于此。

"墨子号"量子卫星开展的量子隐形传态是采用地面发射纠缠光子、天上接收的工作方式。"墨子号"卫星过境时,与海拔 5100 米的西藏阿里地区地面站建立链路。地面光源每秒产生 8000 个量子隐形传态事例,地面向卫星发射纠缠光子,实验通信距离从 500 公里到 1400 公里,所有 6 个待传送态均以大于 99.7% 的置信度超载经典极限。假设在同样长度的光纤中重复这一工作,需要 3800 亿年(宇宙年龄的 20 倍)才能观测到 1 个事例。这一重要成果为未来开展空间尺度量子通信奠定了可靠的技术基础。

第三个任务就是开展空间尺度的量子纠缠实验,完成量子力学的完备性验证。量子纠缠是量子力学中最令人困惑的概念,它可以简单地描述为:两个处于未知状态的纠缠粒子可以保持一种特殊的关联,一旦我们测量其中一个粒子的状态,就能够瞬间(时间差为零)知道另一个粒子的状态,无论它们之间距离有多么远。爱因斯坦始终不相信宇宙中存在这种把光速远远甩在后面的鬼魅速度,并把这种现象称为"鬼魅般的超距作用"。不过在后来的多次实验中证明了量子纠缠是真实存在的。但是,科学家仍旧有困惑的地方,那就是,量子纠缠虽然在地面是存在的,可是在地球之外是否仍旧存在呢?过去由于技术的限制,研究仅仅在地球上,还没有达到地球和其他星球之间进行检验的等级,这也是量子纠缠理论研究的很大一块空白。为了检验量子纠缠在地球之外的空间的存在,"墨子号"量子卫星不负众望完成了地球和其他星球之间量子纠缠存在的科学实验。2017 年 6 月 16 日,潘建伟院士领导的团队,在 500 公里的高空,向相距 1200 公里的两个地面站发送纠缠光子对,首次实现了千公里量级的量子纠缠分发实验。这一成果不仅刷新了世界纪录,也进一步验证了量子力学的正确性,同时为将来开展大尺度量子网络和量子通信研究打下了基础。

综上所述,中国量子科学实验卫星"墨子号"在国际上首次成功实现了从卫星到地面的量子密钥分发和地面到卫星的量子隐形传态,以及空间尺度的量子纠缠的实验检验,真可谓:千里纠缠、星地保密、隐形传态,抢占世界量子科学创新制高点。

2019年9月,中国量子科学实验卫星"墨子号"再次发威,首次用实验方法检验量子化相对论模型。检验结果不支持这个模型,为物理学家对模型进行理论修正提供了实验依据。

我们知道,量子力学和狭义相对论的结合问题基本解决,它可以通过狄拉克的方程将两者完美地协调起来。而广义相对论下的引力一直没有得到量子化处理,即广义相对论和量子力学还没有统一起来。广义相对论认为引力作用来源于时空的扭曲,物体质量越大,时空扭曲也越大。爱因斯坦把我们的宇宙比作一张平铺的渔网(见图15.3),而天体就像一颗颗有重量的铁球,如果谁的质量越大,那么它在渔网中下陷得就越深,也就是对铁球周围的空间扭曲就越大。而万有引力就是这些扭曲空间下的重力势能。量子力学在解释万有引力上是乏力的。

于是有意思的现象出现了,同一个宇宙居然需要用两套

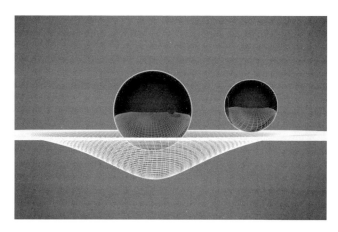

图 15.3　时空扭曲

完全不同的理论去解释。我们很难相信，宇宙的宏观面和微
观面居然不是同一种事物。正是在这种背景下，爱因斯坦开
启大统一理论的研究，它可以同时解释宏观世界和微观世界，
进而阐释一切的物理现象，达到天下一统，四海一家。可惜爱
因斯坦走得太早，未能如愿，科学家为了实现爱因斯坦的梦
想，一直努力至今，提出了一些模型，但难以通过实验去检验
其是否正确。"墨子号"量子卫星首次用实验方法解决了量子
化广义相对论模型的检验问题。

尾　　声

　　物理，就是探索物质世界之理，探索宇宙万物存在、运动与演化的规律。但是，量子力学探索的不是我们熟悉的宏观世界，而是一个神奇的量子世界。如果说宏观世界像一座城，街巷门牌甚分明，细心辨认都是路。微观世界则像一个迷宫，这里曲径通幽，白云深处不知归路。因此，量子力学不能跟随经典力学的思路研究微观世界规律。这里更加需要大胆的假设和创造性的灵感。读者将会发现，在微观尺度上，量子力学会得到与经典力学不同的结果，甚至颠覆了经典力学的传统观念。

16.1　量子化是世界的本质

　　经典力学认为物体运动是连续的，物体性质的变化是连续的，时间、空间也都是连续的。连续性主宰我们所熟悉的世界。比如,水是慢慢烧开的;苹果是慢慢从青色变成红色的;如果你盯着一个婴儿不停地看,你简直不可能说他变了,但几年之后,他确实明显变大了。这些变化都是逐渐地、不间断地,通常不会一下子突然变个样,这就给我们一个感觉:事物变化是连续的。

连续性所主宰的世界就是我们熟悉的可以直接感知的宏观世界,在那里物体只能连续地运动,生活在这样一个世界,我们心里很踏实。

可惜的是,连续运动直接来自人们关于宏观世界中物体运动的经验。然而,经验永远是表面的,而真理则隐藏在深处。

1900 年,量子幽灵从普朗克的方程脱胎出来,开始在物理世界上空游荡,接下来的大量实验事实证明物理世界的基本现象具有离散性,或者说不连续性;从黑体辐射的能量是一份一份的,到光电效应金属表面所释放的电子像机关枪射出的子弹;从原子中电子在定态之间的跳跃到原子的线状光谱;以及在双缝实验中,电子(或其他微观粒子)的波函数必定分成两束同时穿过了两条狭缝,从而它的运动将是非连续的。

总之,在微观世界,万物都在进行着非连续性的量子运动,而量子力学就是一种研究非连续性的新力学,它可以统一地处理所涉及的微观过程的问题。

16.2 大自然遵循概率统计规律

在经典力学中,粒子的运动是确定性的,确定的"因"导致确定的"果",只要粒子的初始条件以及受到的外力已经给定,粒子的运动就完全被确定了。比如我们抛硬币,其结果是出现正面还是反面看来是随机的,但是只要我们知道抛硬币出手那一刻的状态,以及硬币落地过程中所有的影响因素,就完全可以算出它是出现正面还是反面。所以,宏观世界随机性的基础依旧是决定性的,是一种伪随机。

但是,量子世界的随机性没有任何因果关系,是一种真正的随机性。在量子力学中,即使给定粒子的全部条件,也无法预测其结果。就像这一秒存在于这里的粒子,下一秒究竟存在于何处,只能进行概率上的判断。对于大自然我们究竟观察到了什么?量子力学给出的答案——我们只能观察到概率。严格的因果关系只是统计规律的极限。

量子力学告诉我们,微观世界没有固定的套路,没有必须怎样,必然怎样,一切需要用薛定谔方程计算出事件发生的概率。概率或不确定性,这个经典力学第一次遇到的不受欢迎的词,它所描绘的自然才是自然的终极面貌。

16.3　波函数包含了量子运动的全部信息

　　量子力学提出了波函数的概念。经典力学没有波函数的概念,它直接讨论粒子本身的运动,如粒子的位置、速度等,在日常生活中人们也习惯于经典力学的描述。

　　量子力学中,人们第一次提出用波函数来描述粒子的运动状态。波函数是一种概率波而非真实的波。概率波并不像经典波那样代表什么实在的物理量的波动,它只不过是关于粒子的各种物理量的概率分布的数学描述而已。粒子就好像存在于一片概率丛林中,你不能问:"粒子现在在哪里?"你只能问:"如果我在这个地方观察某个粒子,它在这里的概率是多少?"这虽然听起来很奇怪,可是这种描述粒子运动的新方式是正确的。当你发出一颗粒子(如电子)之后,你便无法预测它会落在哪里,但如果你用薛定谔方程来计算电子的概率波,你就可以准确地预测;如果发出足够多的电子,你就能够算出它们落在各处的比例,例如,会有 33% 落在"这里",8% 落在"那里",等等。这些预测一次又一次地被双缝等众多实验所证实。波函数能够以惊人的准确度预测粒子的运动模式,似乎粒子的所有信息都浓缩在这既陌生又神秘的波函数之中。

16.4 波粒二象性是量子力学的灵魂

经典力学中,粒子仅仅显示粒子性,没有波动性。粒子与波毫无共同之处,两者不能形成统一的图像。在量子力学的电子双缝干涉实验中,既可以观察到电子的粒子性,也可以观察到电子的波动性,当实验者关注其中的每一个电子时,看到的是粒子性,测量时它在屏幕上某个确定的位置出现。当实验者纵观大量电子时,显示出概率密度(即波函数模的平方),看到的是波动性,测量时它可以出现在屏幕空间广泛的范围里,呈现干涉条纹(波动性的典型特征)。不仅电子,推广到所有实物粒子都是集粒子性与波动性于一身,这就揭示出所有物质都具有一种新的普适本性——波粒二象性。这是微观粒子的本质属性,也是量子力学的灵魂。

16.5 量子世界允许非定域性

定域性原理认定,一个物体只能与它周围的物体相互作用。在机械运动中,两个物体必须在彼此接触时才会有相互作用。在电磁场中,两个电荷必须以电磁场为中介相互作用。爱因斯坦建立的狭义相对论,证明了任何作用或者信息传播的速度都不能超过光速,否则因果关系就会被破坏。因此定域性原理认为,在空间某一处发生的事件,不可能立即影响到空间的另一处。这就排除了超距作用的可能。从经典力学的观点来看,任何相互作用都发生在"定域"范围内,外部世界的任何物质都是定域性的。

但是,在量子力学中,波函数坍缩的现象,对经典力学提出了挑战。我们知道,在量子世界,粒子处于波函数定义的所有状态的叠加态,只有对粒子进行测量时,波函数的叠加态才突然崩溃,坍缩到一个确定的状态。可见,波函数的坍缩应当是瞬时发生的,其速度能够且必须超过光速。

1935 年 EPR 文章重新提出"超距作用是否存在"的问题,爱因斯坦等认定两个相互远离的粒子之间不可能存在任何瞬时关联,相互作用总是定域性的。但是,量子力学预言,即使两个粒子分开,关联依然存在,对一个粒子的测量不仅改变了这个粒子的状态,也改变了另一个粒子的状态,这就是量子力学的"非定域性"。1964 年,贝尔不等式横空出世,使得人们第一次通过实验证实了这种超距作用的可信性,微观世界里的物理现象竟然可以违背定域性原理! 这个结论不仅颠覆了经典力学的传统观念,对哲学的冲击也是巨大的。

总之,许多经典的传统观念,如因果关系的确定性、粒子和波两者的对立性、相互作用的定域性等,都反映了经典力学的局限性,只有突破这种局限性才能推动量子力学的发展。试想,如果没有量子力学的非定域性,就没有今天量子纠缠在量子通信与量子计算等许多领域的应用。

16.6 量子力学对"测量"作出自己特有的解释

有了波函数,我们可以描述微观粒子的性质和运动状态;有了薛定谔方程,我们有了求解波函数的方法;有了算符,我们可以将微观粒子的物理量表示出来。我们就这样一步步地接近未知的微观世界,那么,我们应该如何测量微观粒子的物理量呢?

在宏观世界中,观测一个物体时可以不影响它的状态,但由于微观粒子的波粒二象性,当我们观测一个粒子时,一定会改变粒子的状态。但是,测量时怎样把粒子的不确定状态变成确定状态呢?总要有个说法。

量子力学对"测量"作出自己特有的解释。以玻尔为首的哥本哈根派认为:对粒子的物理量进行测量的作用就是把弥散在空间各处的粒子的波函数"坍缩",从而得到确定的结果。但是,如果没有测量仪器,波函数永远不会"坍缩"。一旦在量子系统中出现一个测量仪器,原来系统中的波函数就改变了。

测量之前存在的多种可能性就只留下一种，其余的可能性全部消失了！

以电子双缝实验为例。在电子通过双缝前，假如我们不去观测它的位置，那么它的波函数就按照薛定谔方程发散开去，同时通过两个缝而自我相互干涉。但要是我们试图在两条缝上装个仪器以观测它究竟通过了哪条缝，在那一瞬间，电子的波函数便坍缩了，电子随机地选择了一条缝通过。而坍缩过的波函数自然无法再进行干涉。于是电子回到了现实世界中，又成了大家所熟悉的具有确定位置的经典粒子。

事实上，一个纯粹的客观世界是没有的，任何事物都只有结合一个特定的观测手段，才谈得上具体意义。被测对象所表现出的状态，很大程度上取决于我们的观测方法。物理学家惠勒有一句话说得更妙："现象非到被观察到之时，决非现象。"测量外无理，测量即是理，测量决定命运，即只要未做测量，波函数就一直保留所有分支，粒子就保留着各种可能性。只有进行测量的瞬间，粒子才有了确定的状态，于是粒子的整个运动过程才被完全确定。

但是，量子力学只回答了"测量是什么"，而没有回答"测量为什么是这样"的问题。测量问题还存在许多未解之谜，需要人们去分析和研究，这些问题不仅涉及自然科学，还涉及哲学。也正因为如此，量子力学及其测量问题才具有如此的魅力，让人们甘愿沉醉其中。

1984 年，英国科学家彭罗斯(Roger Penrose)在牛津量子会议上以风趣的语言表达了他对量子力学的看法。他说，关于量子理论有两个强有力的"支持者"和一个仅有的"反对者"。第一个"支持者"是量子理论得到了迄今为止所有实验的精确验证，第二个"支持者"是量子理论具有十分优美的数学结构，但还有一个"反对者"，它就是这个理论绝对没有意义！

量子力学的发展总是离不开实验的支持，实验是检验量子理论是否正确的最终根据。双缝干涉实验是量子力学的心脏，量子力学最深刻的奥秘都是双缝实验揭示出来的。人天生的左右两个半脑及双眼，是宇宙间最为复杂的"双缝"。光通过这道"双缝"，在人的认知层面上影射出波粒二象性、叠加性与相干性等量子特性，从而给人类带来信息与知识。

量子力学是建立在严格的数学基础之上的，从某种意义上来说数学总是领先的。英国数学家凯莱(Cagleg)创立矩阵的时候，自然想不到它后来在量子力学的第 1 个版本中起到关键作用。同样，黎曼创立黎曼几何的时候，又怎会料到他已经给爱因斯坦和他伟大的相对论提供了最好的工具。更令人料想不到的是随着计算机革命的到来，一直没有派上用场的古老数论，正以惊人的速度在信息社会找到它的位置，开始大显身手。基于大质数原理的加密、解密算法,已经成为通信、网络以及一切线上服务的信息安全不可缺少的部分。

为什么量子理论会有"反对者"呢?这是因为量子理论的创立,让之前的连续性、定域性、因果律、决定论等金科玉律纷纷招架不住,它们都黯然失色,失去了往日的神采和力量。量子论革命,实际上是一场非常彻底的革命,只有完全与旧的理论割裂之后,才能真正理解量子带给我们的意义。一些曾经是量子探险的向导和旗手,因为对经典观念怀有一种深深的眷恋,因而不能理解量子理论的基本形式,以及量子理论的正统观点。

量子力学在奇妙的气氛中诞生,在激烈的论战中成长,在科学史上整整一代最杰出的天才们的共同努力下,最终成为现代物理的两大支柱之一,把微观世界的奥秘成功地谱写在人类的历史之中。但是,是不是一切就大功告成了?量子力学包含了全部真理?我们的探索已经走到了终点?科学的回答是,大自然永远也不肯向我们展示它的最终面貌,量子论还有无数未知的秘密有待发掘,而我们仍需上下求索。

以 AI、5G、量子技术等为代表的第四次工业革命,正在呼啸而至,绽放在我们身旁。无论国家、个人都需要未雨绸缪,做好准备。从国家层面,中国有充分的技术准备和强大的产业基础,有跻身全球领先地位的科技企业和领军人物,第四次工业革命的"中国时刻"我们不会错过。中国也不会成为以往三次工业革命的缺席者或者处于落后的追随者。中国将确保在 AI、量子等领域的前沿地位,更好地掌控世界未来竞争。对于广大读者,尤其是年轻一代,将会经历机器在智能上全面超越人类的第四次工业革命——智能革命。只有紧密关注它、拥抱它、发展它的人,才能成为最大的受益者,而远离它、回避它、拒绝接受它的人,将成为迷茫的一代。以往三次工业革命的历史经验提醒人们:你应该往前走了!只有接受新思维,加快知识更新和智慧进步,不断提高自己,才能适应新时代,重塑自己在智能社会中的作用与价值。

参 考 文 献

[1] 赫尔曼. 量子论初期[M].周昌忠,译. 北京：商务印书馆,1980.

[2] M.劳厄. 物理学史[M]. 范岱年,戴念祖,译. 北京：商务印书馆,1978.

[3] 曹天元. 量子物理史话[M]. 沈阳：辽宁教育出版社,2008.

[4] M.普朗克. 从近代物理学看宇宙[M]. 何青,译. 北京：商务印书馆,1959.

[5] 爱因斯坦.狭义与广义相对论浅说[M]. 杨润殷,译. 北京：北京大学出版社,2006.

[6] M.玻恩. 关于因果性和机遇的科学[M]. 侯德彭,译. 北京：商务印书馆,1964.

[7] L.V. 德布罗意. 物理学与微观物理学[M]. 朱津栋,译. 北京：商务印书馆,1992.

[8] W.海森堡. 物理学与哲学[M]. 范岱年,译. 北京：商务印书馆,1984.

[9] W.海森堡. 量子论的物理原理[M]. 王正行,李绍光,张虞,译. 北京：高等教育出版社,2017.

[10] 黄祖洽. 现代物理学前沿选讲[M].北京：科学出版社,2007.

[11] 丁鄂江. 量子力学的奥秘和困惑[M]. 北京：科学出版社,2019.

[12] I. Duck,E. C. G. Sundarsham. 100 year of planck's Quantum [J]. World Science,2000.

[13] K. Hannabuss. An Introduction to Quantum[M]. Oxford：Oxford University Press,1997.

[14] T. Maudlin. Quantum Nonlocality and Relativity [M]. Oxford：Blackwell Publishers,2002.

［15］ G.H. Bennett，D. P. Divincenzo. Quantum Information and Computation[J]. Nature,2000,404：247-255.

［16］ "墨子号"量子卫星实现星地量子密钥分发和地星量子隐形传态圆满实现全部既定科学目标［R].合肥微尺度物理科学国家实验室,2017.

［17］ 郭光灿.量子密钥分配的应用与发展[Z/OL].郭光灿/微信公众号："中科院物理所",2019.

［18］ 倪光炯,王炎森. 物理与文化[M]. 北京：高等教育出版社,2009.

［19］ 吴国林,孙显曜. 物理学哲学导论[M]. 北京：人民出版社,2007.

［20］ 吴今培. 量子概论——神奇的量子世界之旅[M]. 北京：清华大学出版社,2019.

［21］ 要参君. 中国宣布：重大突破! 财闻要参,2021.5.